똑똑한 하루

빅터
연산

Chunjae
Makes
Chunjae

▼

기획총괄	박금옥
편집개발	지유경, 정소현, 조선영, 최윤석,
	김장미, 유혜지, 남솔, 정하영
디자인총괄	김희정
표지디자인	윤순미, 심지현
내지디자인	이은정, 김정우, 퓨리터
제작	황성진, 조규영

발행일	2023년 10월 1일 초판 2023년 10월 1일 1쇄
발행인	(주)천재교육
주소	서울시 금천구 가산로9길 54
신고번호	제2001-000018호
고객센터	1577-0902

똑똑한 하루

빅터연산

지루하고 힘든 연산은 OUT!

쉽고 재미있는 **빅터연산으로 연산홀릭**

1·C
초등 1 수준

빅터 연산

단/계/별 학습 내용

중등 수학

빅터 연산
구성과 특징
1단계 **C권**

흥미

만화로 흥미 UP

학습할 내용을 만화로 먼저 보면 흥미와 관심을 높일 수 있습니다.

개념 & 원리

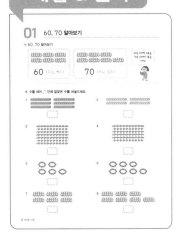

개념 & 원리 탄탄

연산의 원리를 쉽고 재미있게 확실히 이해하도록 하였습니다.
원리 이해를 돕는 문제로 연산의 기본을 다집니다.

정확성

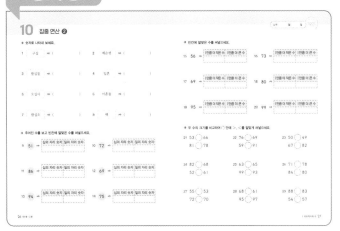

집중 연산

집중 연산을 통해 연산을 더 빠르고 더 정확하게 해결할 수 있게
됩니다.

다양한 유형

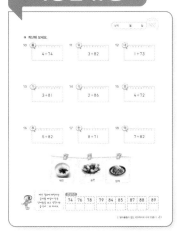

다양한 유형으로 흥미 UP

수수께끼, 연상퀴즈 등 다양한 형태의 문제로
게임보다 더 쉽고 재미있게 연산을 학습하면서
실력을 쌓을 수 있습니다.

차례

연산력 게임

스마트폰을 이용하여 QR을 찍으면 재미있는 연산 게임을 할 수 있습니다.

01   60, 70 알아보기

✛ 60, 70 알아보기

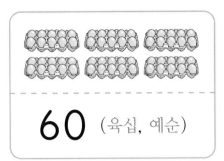

60 (육십, 예순)

70 (칠십, 일흔)

60은 10개씩 6묶음, 70은 10개씩 7묶음 이에요.

● 수를 세어 ☐ 안에 알맞은 수를 써넣으세요.

1

☐

2

☐

3

☐

4

☐

5

☐

6

☐

7

☐

8

☐

● 보기 와 같이 수를 세어 빈칸에 알맞은 수나 말을 써넣으세요.

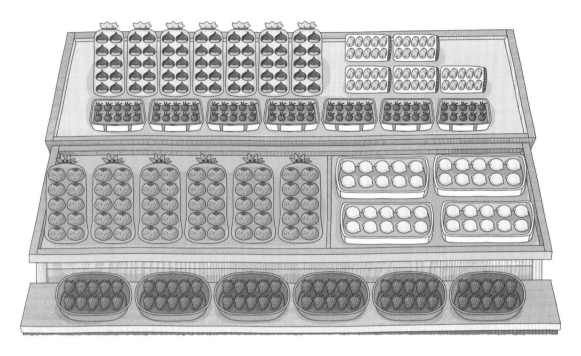

보기

40	
사십	마흔

9 🍓

10 🌰

11 🥔

12 🍊

13 🍅

02 80, 90 알아보기

✛ 80, 90 알아보기

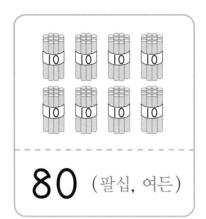

80 (팔십, 여든)

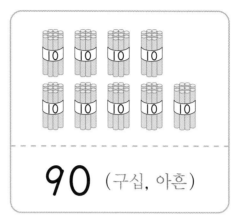

90 (구십, 아흔)

80은 10개씩 8묶음, 90은 10개씩 9묶음이에요.

● 수를 세어 ☐ 안에 알맞은 수를 써넣으세요.

1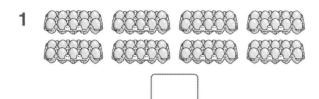

☐

2

☐

3

☐

4

☐

5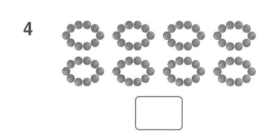

☐

6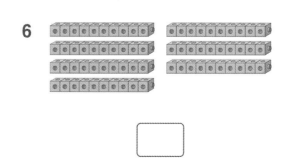

☐

● 각 동물이 사다리 타기를 하여 만나는 수를 숫자로 쓰고, 2가지 방법으로 읽어 보세요.

7

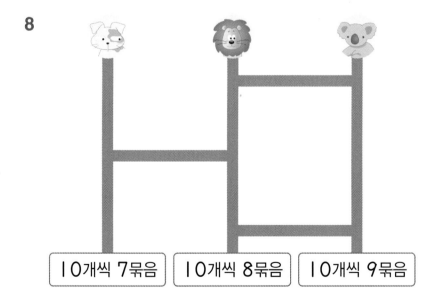

| 10개씩 6묶음 | 10개씩 8묶음 | 10개씩 9묶음 |

쓰기	90
읽기	

쓰기	
읽기	

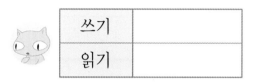

쓰기	
읽기	

8

| 10개씩 7묶음 | 10개씩 8묶음 | 10개씩 9묶음 |

쓰기	
읽기	

쓰기	
읽기	

쓰기	
읽기	

03 99까지의 수 알아보기

✛ 64 알아보기

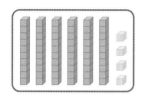

10개씩 묶음(개)	낱개
6	4

● 수를 세어 ☐ 안에 알맞은 수를 써넣으세요.

1 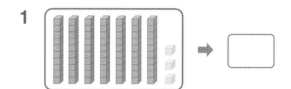 ➡ ☐

2 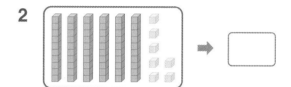 ➡ ☐

3  ➡ ☐

4 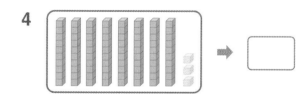 ➡ ☐

5  ➡ ☐

6 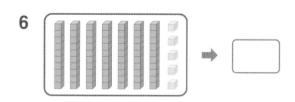 ➡ ☐

7 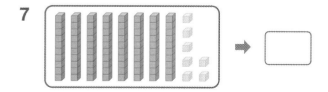 ➡ ☐

8 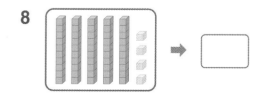 ➡ ☐

날짜   월   일 확인

● 어린이가 말한 숫자를 쓰고 빈칸에 알맞은 수를 써넣으세요.

9 칠십사 ➡ ☐

십의 자리 숫자	
일의 자리 숫자	

10 아흔셋 ➡ ☐

십의 자리 숫자	
일의 자리 숫자	

11 오십육 ➡ ☐

십의 자리 숫자	
일의 자리 숫자	

12 여든아홉 ➡ ☐

십의 자리 숫자	
일의 자리 숫자	

13 육십이 ➡ ☐

십의 자리 숫자	
일의 자리 숫자	

14 일흔일곱 ➡ ☐

십의 자리 숫자	
일의 자리 숫자	

15 구십팔 ➡ ☐

십의 자리 숫자	
일의 자리 숫자	

16 여든하나 ➡ ☐

십의 자리 숫자	
일의 자리 숫자	

04 수의 순서 알아보기

✚ 수의 순서 알아보기

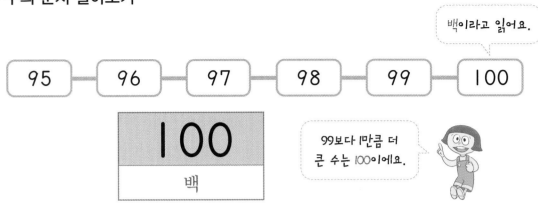

백이라고 읽어요.

99보다 1만큼 더 큰 수는 100이에요.

● 수를 세어 빈칸에 알맞은 수를 써넣으세요.

1 | 71 | 72 | 73 | 74 | 75 | | | |

2 | 89 | 90 | 91 | 92 | 93 | | | |

3 | 55 | 56 | 57 | 58 | | | | |

4 | 93 | 94 | 95 | 96 | | | | |

5 | 84 | 83 | 82 | 81 | | | | |

 날짜   월   일   확인

● 수를 순서대로 이어 그림을 완성해 보세요.

6

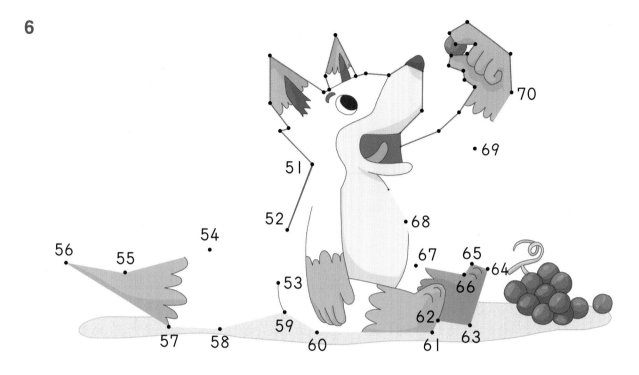

7

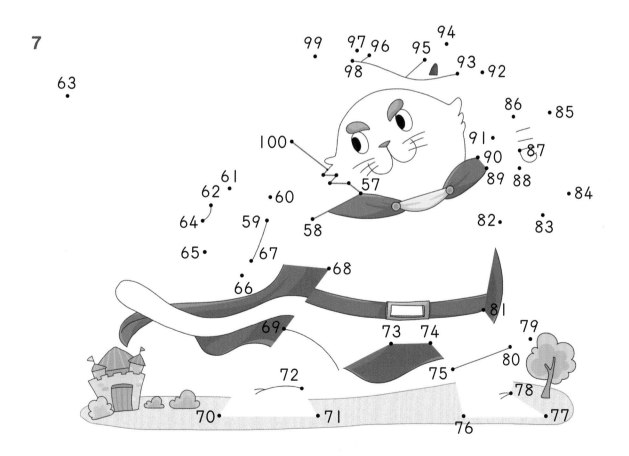

05 |만큼 더 큰 수, |만큼 더 작은 수

✚ 99보다 |만큼 더 큰 수, |만큼 더 작은 수

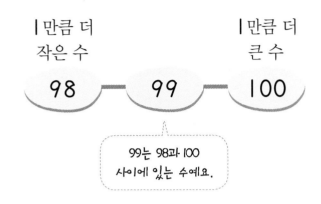

99는 98과 100 사이에 있는 수예요.

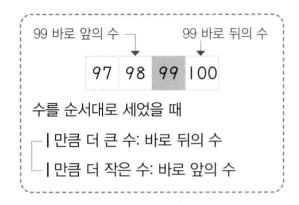

수를 순서대로 세었을 때
- |만큼 더 큰 수: 바로 뒤의 수
- |만큼 더 작은 수: 바로 앞의 수

● 보기 와 같이 왼쪽에는 |만큼 더 작은 수, 오른쪽에는 |만큼 더 큰 수를 써넣으세요.

보기

1

2
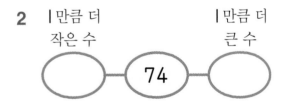

3

4

5

6

7

● 보기 와 같이 주황색 구슬의 두 수 사이에 있는 수를 연두색 구슬에 써넣으세요.

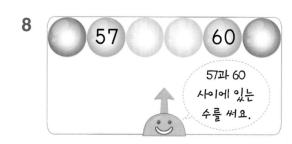

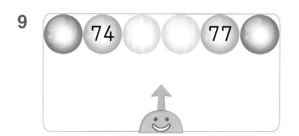

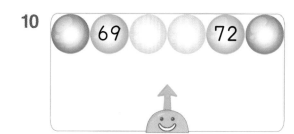

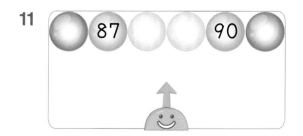

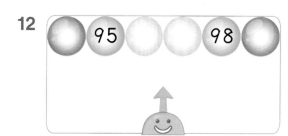

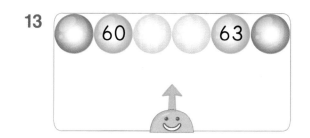

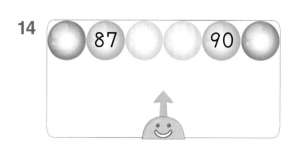

06 수의 크기 비교하기 (1)

✛ 63과 75의 크기 비교

$$63 \ < \ 75$$
6<7

십의 자리 수가
큰 수가 더 커요.

✛ 63과 61의 크기 비교

$$63 \ > \ 61$$
3>1

십의 자리 수가
같으면 일의 자리 수가
큰 수가 더 커요.

● 두 수의 크기를 비교하여 ◯ 안에 >, <를 알맞게 써넣으세요.

1 82 ◯ 78
 8 ◯ 7

2 58 ◯ 53
 8 ◯ 3

3 67 ◯ 80
 6 ◯ 8

4 55 ◯ 80
 59 ◯ 58

5 96 ◯ 92
 77 ◯ 75

6 54 ◯ 88
 94 ◯ 99

7 83 ◯ 80
 55 ◯ 50

8 74 ◯ 69
 86 ◯ 87

9 98 ◯ 99
 79 ◯ 81

● 몸무게를 보고 시소가 내려간 쪽 사람의 이름을 써 보세요.

10

진수: 75 kg, 혜성: 70 kg

→ 무게를 나타내는 단위로 '킬로그램'이라고 읽어요.

11

효진: 59 kg, 예원: 51 kg

12

효민: 80 kg, 재건: 82 kg

13

성주: 73 kg, 진영: 81 kg

14

윤민: 58 kg, 재민: 54 kg

15

완준: 76 kg, 성호: 72 kg

16

채경: 56 kg, 하임: 60 kg

17

지윤: 65 kg, 정윤: 69 kg

07 수의 크기 비교하기 (2)

✛ 96, 84, 92의 크기 비교

9>8

가장 작은 수
8<9

가장 큰 수
6>2

➡ 96 > 92 > 84

십의 자리 → 일의 자리
순서로 비교해요.

● 가장 큰 수에 ○표 하세요.

1
99   80   70

2
55   69   63

3
78   82   85

4
56   54   57

5
83   92   88

6
65   67   62

7
71   54   70

8
86   83   87

9
73   62   78

10
90   96   98

세 수 중에서 크기가 가장 작은 수가 적힌 것이 새와 두더지의 집입니다. 집을 찾아 ○표 하세요.

11 70 78 81

12 51 63 65

13 64 69 61

14 94 86 93

15 64 79 70

16 88 68 98

17 54 84 51

18 90 82 99

19 73 77 75

✚ 50부터 2씩 커지는 규칙으로 수 배열하기

| 50 | 52 | 54 | 56 | 58 | 60 |

✚ 80부터 5씩 작아지는 규칙으로 수 배열하기

| 80 | 75 | 70 | 65 | 60 | 55 |

● 보기 와 같이 규칙에 맞게 빈칸에 알맞은 수를 써넣으세요.

보기

60부터 2씩 커지는 규칙 ➡ | 60 | 62 | 64 | 66 | 68 | 70 |

1 74부터 2씩 커지는 규칙 ➡ | 74 | 76 | 78 | 80 | | |

2 65부터 5씩 커지는 규칙 ➡ | 65 | 70 | 75 | | | |

3 41부터 10씩 커지는 규칙 ➡ | 41 | 51 | 61 | | | |

4 92부터 2씩 작아지는 규칙 ➡ | 92 | 90 | 88 | | | |

5 95부터 5씩 작아지는 규칙 ➡ | 95 | 90 | 85 | | | |

● 규칙에 맞게 빈칸에 알맞은 수를 써넣으세요.

● 가로 또는 세로 방향으로 ◯ 안에는 1만큼 더 큰 수, ◇ 안에는 1만큼 더 작은 수를 써넣으세요.

1

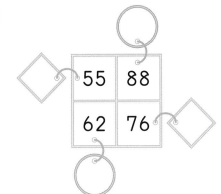

2

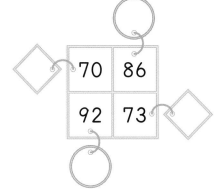

3

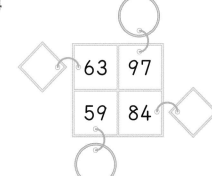

4

5

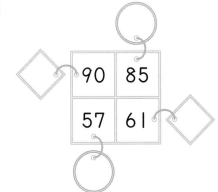

6

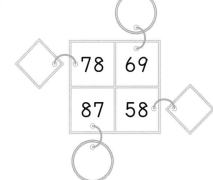

7

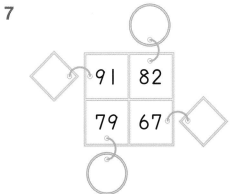

8

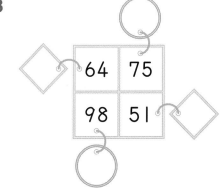

● 가운데 수보다 큰 수를 모두 찾아 ○표 하세요.

9

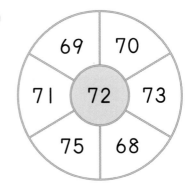

10

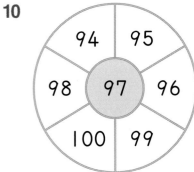

11

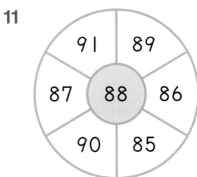

12

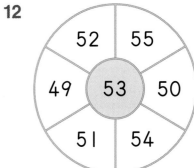

13

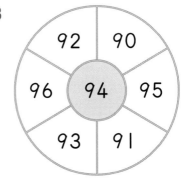

14

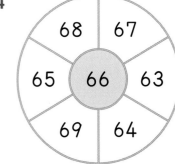

15

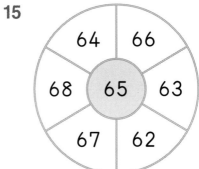

16

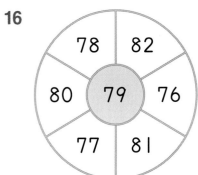

10 집중 연산 ❷

● 숫자로 나타내 보세요.

1 구십 ➡ (   )   2 예순셋 ➡ (   )

3 팔십칠 ➡ (   )   4 일흔 ➡ (   )

5 오십사 ➡ (   )   6 아흔둘 ➡ (   )

7 팔십오 ➡ (   )   8 백 ➡ (   )

● 주어진 수를 보고 빈칸에 알맞은 수를 써넣으세요.

9 51 ➡

십의 자리 숫자	일의 자리 숫자

10 72 ➡

십의 자리 숫자	일의 자리 숫자

11 86 ➡

십의 자리 숫자	일의 자리 숫자

12 69 ➡

십의 자리 숫자	일의 자리 숫자

13 94 ➡

십의 자리 숫자	일의 자리 숫자

14 75 ➡

십의 자리 숫자	일의 자리 숫자

● 빈칸에 알맞은 수를 써넣으세요.

15 56 ➡

1만큼 더 작은 수	1만큼 더 큰 수

16 73 ➡

1만큼 더 작은 수	1만큼 더 큰 수

17 69 ➡

1만큼 더 작은 수	1만큼 더 큰 수

18 80 ➡

1만큼 더 작은 수	1만큼 더 큰 수

19 95 ➡

1만큼 더 작은 수	1만큼 더 큰 수

20 99 ➡

1만큼 더 작은 수	1만큼 더 큰 수

● 두 수의 크기를 비교하여 ◯ 안에 >, <를 알맞게 써넣으세요.

21 53 ◯ 66
81 ◯ 78

22 76 ◯ 69
59 ◯ 91

23 50 ◯ 49
67 ◯ 82

24 82 ◯ 68
52 ◯ 61

25 63 ◯ 65
99 ◯ 93

26 71 ◯ 78
84 ◯ 80

27 55 ◯ 53
72 ◯ 70

28 68 ◯ 61
95 ◯ 97

29 88 ◯ 83
54 ◯ 57

학습내용

▶ (몇십)+(몇), (몇)+(몇십)
▶ (몇십몇)+(몇), (몇)+(몇십몇)
▶ (몇십)+(몇)으로 나타내기
▶ □는 얼마인지 알아보기

연산력 게임

스마트폰을 이용하여 QR을
찍으면 재미있는 연산 게임을
할 수 있습니다.

01 그림으로 알아보는 (몇십)+(몇)

✤ 50+4의 계산

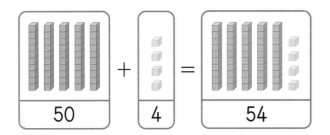

십의 자리에 써요.

| 5 | 0 | + | 4 | = | 5 | 4 |

일의 자리에 써요.

● 그림을 보고 계산해 보세요.

1

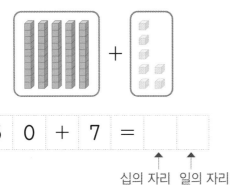

| 5 | 0 | + | 7 | = | | |

↑ 십의 자리 ↑ 일의 자리

2

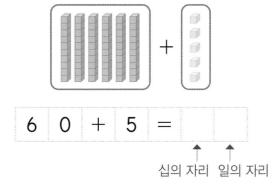

| 6 | 0 | + | 5 | = | | |

↑ 십의 자리 ↑ 일의 자리

3

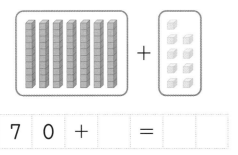

| 7 | 0 | + | | = | | |

4

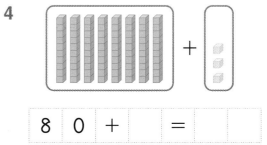

| 8 | 0 | + | | = | | |

5

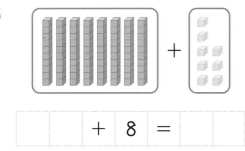

| | | + | 8 | = | | |

6

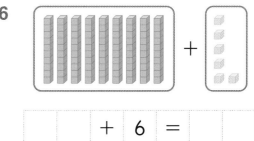

| | | + | 6 | = | | |

● 저금한 돈은 모두 얼마인지 구하세요.

7

➡ 60+3=☐ (원)

8

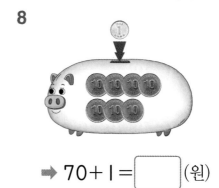

➡ 70+1=☐ (원)

9

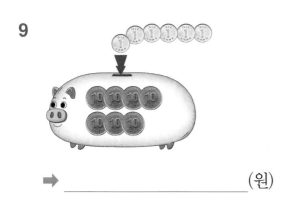

➡ _____ (원)

10

➡ _____ (원)

11

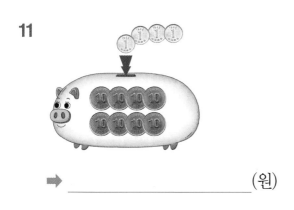

➡ _____ (원)

12

➡ _____ (원)

13

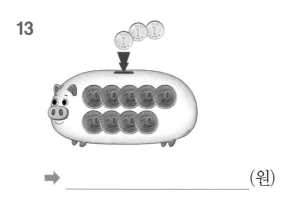

➡ _____ (원)

14

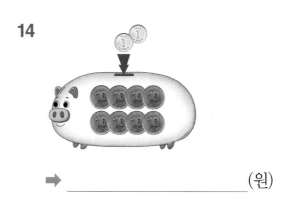

➡ _____ (원)

02 (몇십)+(몇)

✤ 50+4의 계산

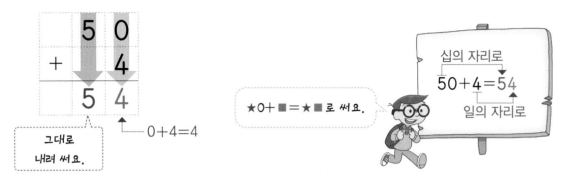

★0+■=★■로 써요.

십의 자리로
50+4=54
일의 자리로

● 계산해 보세요.

1

```
  5 0
+   2
─────
```

2

```
  8 0
+   6
─────
```

3

```
  6 0
+   9
─────
```

4

```
  9 0
+   5
─────
```

5

```
  7 0
+   7
─────
```

6

```
  8 0
+   1
─────
```

7

```
  7 0
+   4
─────
```

8

```
  6 0
+   8
─────
```

9

```
  5 0
+   3
─────
```

● 채소의 개수의 합을 구하세요.

10 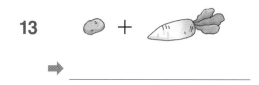 +

➡ 80+3=☐

11 ○ + ◯

➡ 50+8=☐

12 +

➡ _____

13 +

➡ _____

14 +

➡ _____

15 +

➡ _____

16 +

➡ _____

17 +

➡ _____

03 (몇) + (몇십)

✤ 4+50의 계산

● 계산해 보세요.

1

```
      7
+  6  0
```

2

```
      8
+  5  0
```

3

```
      6
+  7  0
```

4

```
      1
+  6  0
```

5

```
      4
+  8  0
```

6

```
      6
+  9  0
```

7

```
      2
+  5  0
```

8

```
      8
+  8  0
```

9

```
      9
+  7  0
```

● 계산해 보세요.

10 7+50=☐

11 9+80=☐

12 8+60=☐

13 2+70=☐

14 3+80=☐

15 9+50=☐

16 3+50=☐

17 5+80=☐

18 3+60=☐

계산 결과가 적힌 칸을
색칠하면 어떤 글자가
나올까요?

53	54	55	56	57	58
59	60	61	62	63	64
68	69	70	71	72	73
83	85	87	88	89	90
93	94	95	96	97	98

04 그림으로 알아보는 (몇십몇)+(몇)

✛ 5 1 + 6의 계산

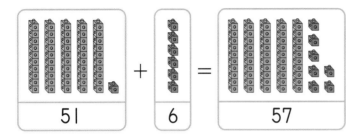

| 5 | 1 | + | 6 | = | 5 | 7 |

십의 자리에 써요.

1+6=7
일의 자리에 써요.

● 그림을 보고 계산해 보세요.

1
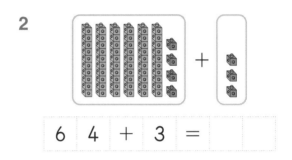

| 5 | 3 | + | 5 | = | | |

2

| 6 | 4 | + | 3 | = | | |

3
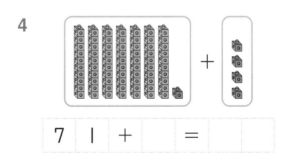

| 6 | 2 | + | | = | | |

4

| 7 | 1 | + | | = | | |

5
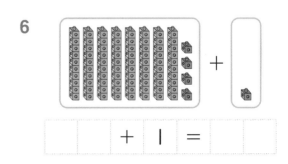

| | | + | 2 | = | | |

6

| | | + | 1 | = | | |

● 지갑에 들어 있는 돈은 모두 얼마인지 구하세요.

7

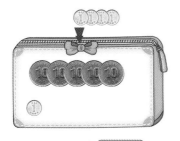

➡ $51+4=$ ☐ (원)

8

➡ $63+4=$ ☐ (원)

9

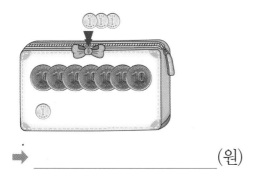

➡ _____ (원)

10

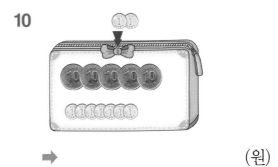

➡ _____ (원)

11

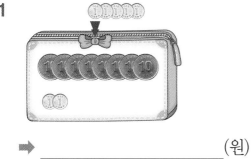

➡ _____ (원)

12

➡ _____ (원)

13

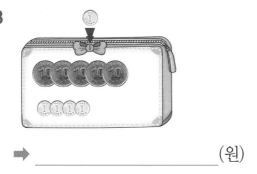

➡ _____ (원)

14

➡ _____ (원)

05 (몇십몇)＋(몇)

✛ 52＋5의 계산

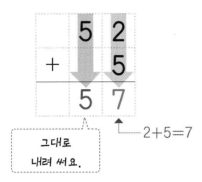

십의 자리는 그대로, 일의 자리 수끼리 더해요.

● 계산해 보세요.

1
```
    5 3
+     5
───────
```

2
```
    7 4
+     5
───────
```

3
```
    9 2
+     7
───────
```

4
```
    6 3
+     4
───────
```

5
```
    8 6
+     2
───────
```

6
```
    7 2
+     6
───────
```

7
```
    5 5
+     2
───────
```

8
```
    9 1
+     5
───────
```

9
```
    6 2
+     3
───────
```

● 꿀통에 모은 꿀의 양은 모두 몇 mL인지 구하세요.

주전자나 물병같은 그릇의 안쪽 공간에 들어가는 양을 재는 단위로 '밀리리터'라고 읽어요.

10

➡ 54+4= ⬚ (mL)

11

➡ 63+5= ⬚ (mL)

12

➡ _____ (mL)

13

➡ _____ (mL)

14

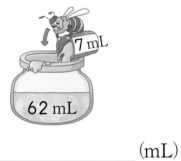

➡ _____ (mL)

15

➡ _____ (mL)

16

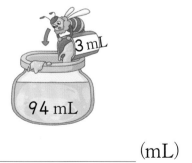

➡ _____ (mL)

17

➡ _____ (mL)

06 (몇)+(몇십몇)

✛ 5+52의 계산

5+2=7

그대로 내려 써요.

두 수를 바꾸어 더해도 계산 결과는 같아요.

5+52=57
52+ 5=57
➡ 5+52=52+5

● 계산해 보세요.

1

$$\begin{array}{r} 1 \\ + 5\ 4 \\ \hline \end{array}$$

2

$$\begin{array}{r} 3 \\ + 7\ 3 \\ \hline \end{array}$$

3

$$\begin{array}{r} 4 \\ + 6\ 4 \\ \hline \end{array}$$

4

$$\begin{array}{r} 5 \\ + 8\ 4 \\ \hline \end{array}$$

5

$$\begin{array}{r} 3 \\ + 5\ 6 \\ \hline \end{array}$$

6

$$\begin{array}{r} 4 \\ + 9\ 3 \\ \hline \end{array}$$

7

$$\begin{array}{r} 6 \\ + 8\ 1 \\ \hline \end{array}$$

8

$$\begin{array}{r} 4 \\ + 6\ 2 \\ \hline \end{array}$$

9

$$\begin{array}{r} 4 \\ + 7\ 1 \\ \hline \end{array}$$

날짜   월   일   확인

● 계산해 보세요.

10 름   4+74

11 위   3+82

12 대   1+73

13 가   3+81

14 석   2+86

15 보   4+72

16 추   5+82

17 한   8+71

18 떡   7+82

떡국   송편   잡채

계산 결과에 해당하는
글자를 써넣어 만든
단어들을 보고 생각나는
음식에 ○표 하세요.

연상퀴즈

74	76	78		79	84	85		87	88		89
			,				,			,	

07 (몇십)+(몇)으로 나타내기

✛ 56을 (몇십)+(몇)으로 나타내기

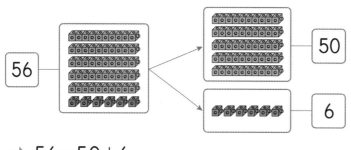 56

50

6

★▲=★0+▲로 나타낼 수 있어요.

➡ 56=50+6

● ⬭ 안에 알맞은 수를 써넣으세요.

1 53=50+⬭

52=50+⬭

2 64=60+⬭

66=60+⬭

3 71=70+⬭

76=70+⬭

4 55=50+⬭

58=50+⬭

5 64=60+⬭

67=60+⬭

6 73=70+⬭

78=70+⬭

7 82=80+⬭

85=80+⬭

8 94=90+⬭

96=90+⬭

● ☐ 안에 들어갈 수가 <u>다른</u> 것에 ×표 하세요.

9

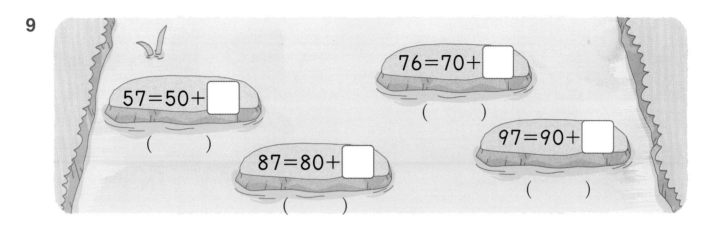

$76 = 70 + \boxed{}$
(   )

$57 = 50 + \boxed{}$
(   )

$97 = 90 + \boxed{}$
(   )

$87 = 80 + \boxed{}$
(   )

10

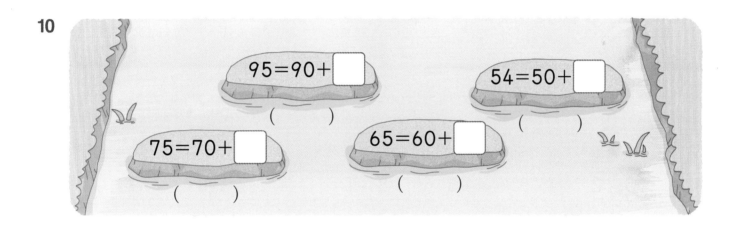

$95 = 90 + \boxed{}$
(   )

$54 = 50 + \boxed{}$

$75 = 70 + \boxed{}$
(   )

$65 = 60 + \boxed{}$
(   )

11

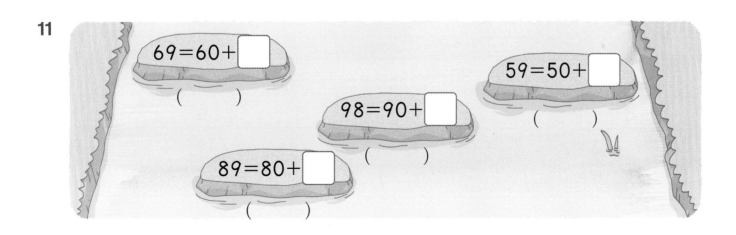

$69 = 60 + \boxed{}$
(   )

$59 = 50 + \boxed{}$
(   )

$98 = 90 + \boxed{}$
(   )

$89 = 80 + \boxed{}$
(   )

08 □는 얼마인지 알아보기

✛ 6□+3=65에서 □ 구하기

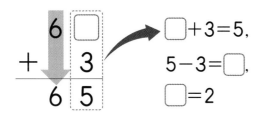

□+3=5,
5−3=□,
□=2

덧셈과 뺄셈의
관계를 이용해요.

참고

[덧셈과 뺄셈의 관계]

●+■=▲

▲−■=●

● □ 안에 알맞은 수를 써넣으세요.

1
```
    7 □
  +   3
  ─────
    7 6
```

2
```
    9 □
  +   7
  ─────
    9 7
```

3
```
    5 □
  +   5
  ─────
    5 9
```

4
```
    5 2
  +   □
  ─────
    5 6
```

5
```
    8 1
  +   □
  ─────
    8 9
```

6
```
    9 0
  +   □
  ─────
    9 5
```

7
```
    8 □
  +   3
  ─────
    8 7
```

8
```
    7 □
  +   5
  ─────
    7 6
```

9
```
    6 □
  +   2
  ─────
    6 4
```

● 지워진 곳에 알맞은 수를 구하세요.

10
```
  8 □
+   7
─────
  8 9
```
_____

11
```
  5 □
+   1
─────
  5 6
```
_____

12
```
  6 □
+   3
─────
  6 7
```
_____

13
```
  9 □
+   2
─────
  9 8
```
_____

14
```
  7 3
+   □
─────
  7 5
```
_____

15
```
  6 5
+   □
─────
  6 9
```
_____

16
```
  9 1
+   □
─────
  9 9
```
_____

17
```
  8 2
+   □
─────
  8 6
```
_____

18
```
  7 3
+   □
─────
  7 4
```
_____

09 집중 연산 ❶

● 한가운데 수와 중간의 수를 더해 빈칸에 써넣으세요.

1

→ 60+9   → 60+3

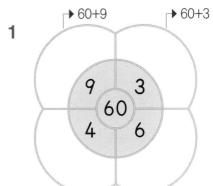

2

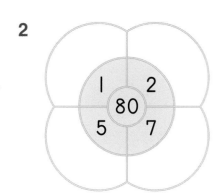

3

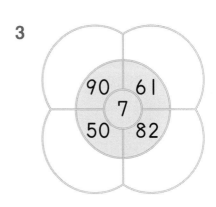

4

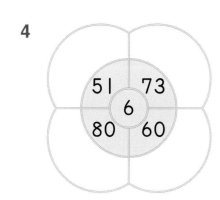

5

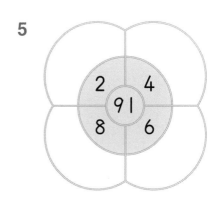

6

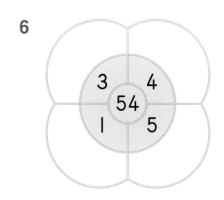

7

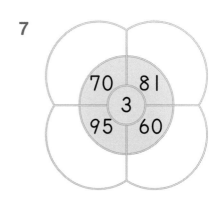

8

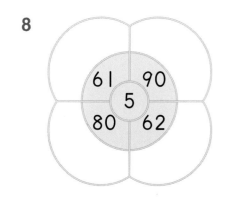

9

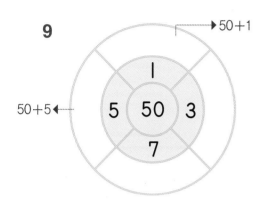

10

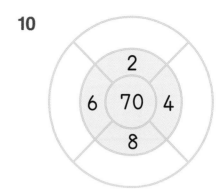

11

12

13

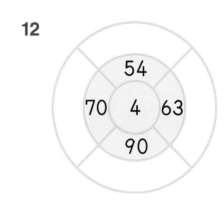

14

15

16

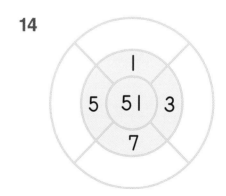
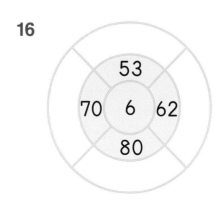

10 집중 연산 ❷

● 화살표를 따라가며 계산해 보세요.

1
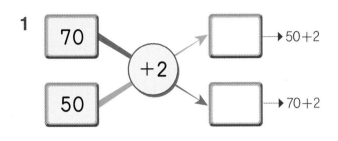
→ 50+2
→ 70+2

2
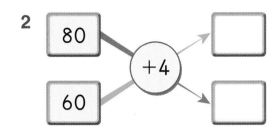

3
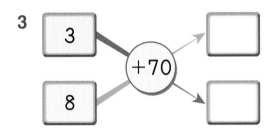

4
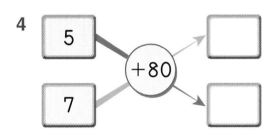

5
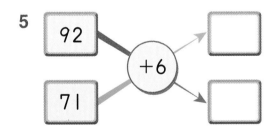

6
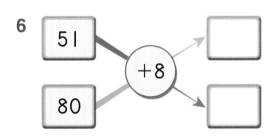

7

8
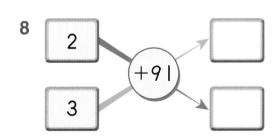

9

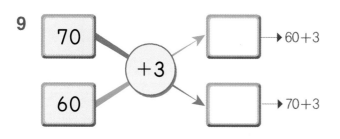

70 · 60 → +3

60+3
70+3

10

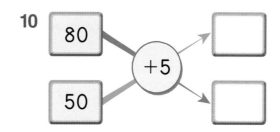

80 · 50 → +5

11

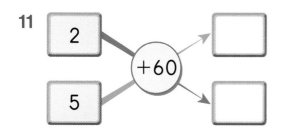

2 · 5 → +60

12

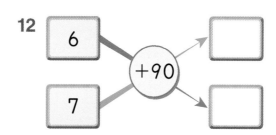

6 · 7 → +90

13

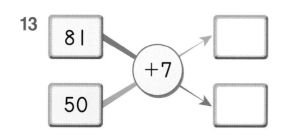

81 · 50 → +7

14

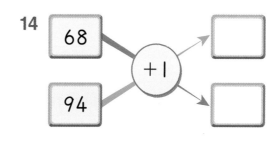

68 · 94 → +1

15

4 · 5 → +84

16

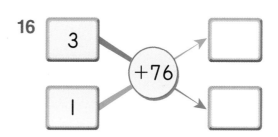

3 · 1 → +76

집중 연산 ❸

● 계산해 보세요.

1
```
  6 0
+   1
─────
```

2
```
  8 0
+   8
─────
```

3
```
  5 0
+   6
─────
```

4
```
    4
+ 7 0
─────
```

5
```
    2
+ 6 0
─────
```

6
```
  9 0
+   9
─────
```

7
```
  8 2
+   5
─────
```

8
```
  6 4
+   5
─────
```

9
```
  7 3
+   1
─────
```

10
```
  5 1
+   7
─────
```

11
```
  9 2
+   3
─────
```

12
```
  7 3
+   6
─────
```

13
```
    4
+ 6 3
─────
```

14
```
    1
+ 7 8
─────
```

15
```
    7
+ 5 2
─────
```

16 80+5
    50+7

17 60+3
    70+9

18 90+4
    50+8

19 8+60
    6+50

20 2+70
    4+60

21 5+80
    3+90

22 91+1
    65+2

23 56+2
    85+3

24 64+4
    73+5

25 68+1
    72+7

26 92+4
    81+6

27 52+3
    66+2

28 4+61
    5+92

29 5+53
    3+76

30 87+2
    64+5

학습내용

▶ (몇십)+(몇십)

▶ 합이 같아지는 덧셈

▶ (몇십몇)+(몇십몇)

▶ □는 얼마인지 알아보기

연산력 게임

스마트폰을 이용하여 QR을
찍으면 재미있는 연산 게임을
할 수 있습니다.

01 (몇십)+(몇십) (1)

♣ 20+30의 세로셈

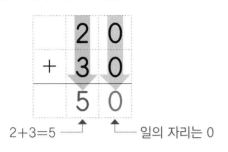

$$2+3=5 \quad \text{일의 자리는 } 0$$

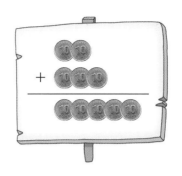

10원짜리 2개, 10원짜리 3개를 더하면 50원이 돼요.

● 계산해 보세요.

1

	5	0
+	4	0

2

	3	0
+	6	0

3

	5	0
+	2	0

4

	1	0
+	3	0

5

	6	0
+	2	0

6

	1	0
+	7	0

7

	6	0
+	1	0

8

	3	0
+	4	0

9

	2	0
+	2	0

● 오늘 문구점에 새로 들어온 학용품의 수입니다. 학용품의 수의 합을 구하세요.

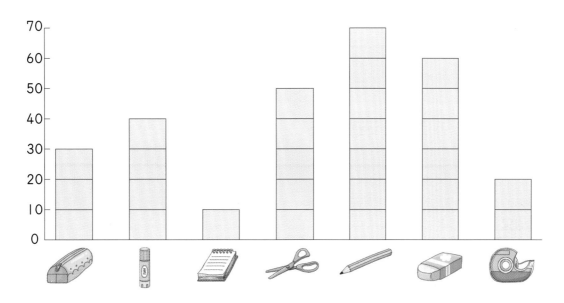

10  +

```
    3  0
+   1  0
─────────
```

11 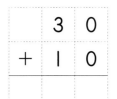 +

```
    4  0
+   5  0
─────────
```

12 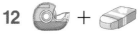 +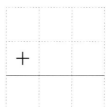

```
+
─────────
```

13 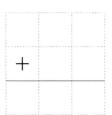 +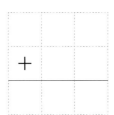

```
+
─────────
```

14 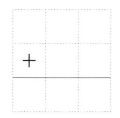 +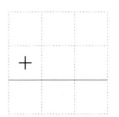

```
+
─────────
```

15 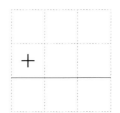 +

```
+
─────────
```

16 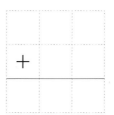 +

```
+
─────────
```

17 +

```
+
─────────
```

18 +

```
+
─────────
```

02 (몇십)＋(몇십) (2)

✢ 20＋30의 가로셈

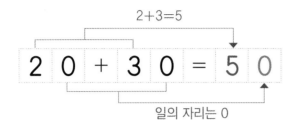

십의 자리 수끼리의 계산
2＋3＝5의 뒤에 0을
한 개 써요.

● 계산해 보세요.

1 | 0 + | 0 =

   | 0 + 4 0 =

2 2 0 + 4 0 =

   2 0 + 7 0 =

3 3 0 + 3 0 =

   3 0 + 5 0 =

4 4 0 + 2 0 =

   4 0 + 4 0 =

5 8 0 + | 0 =

   5 0 + 2 0 =

6 6 0 + | 0 =

   7 0 + 2 0 =

7 | 0 + 7 0 =

   5 0 + 3 0 =

8 2 0 + 5 0 =

   3 0 + 4 0 =

● 계산해 보세요.

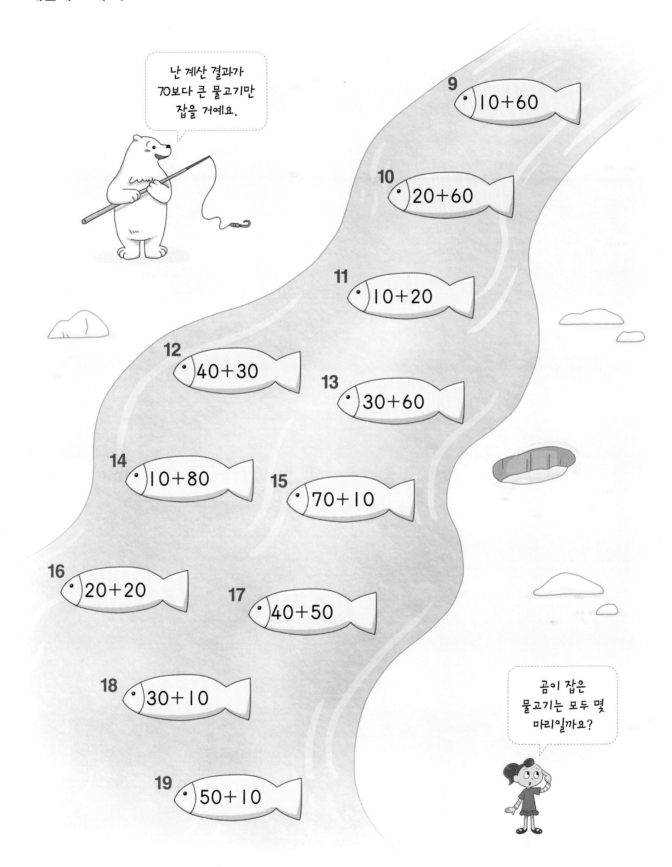

03 합이 같아지는 덧셈

✤ $20+30=10+\square$ 에서 $\square$ 구하기

$$20 + 30 = 10 + \square$$

$$50 = 10 + \square, \quad \square = 40$$

'='의 왼쪽과 오른쪽의 계산 결과가 같아야 해요.

● ☐ 안에 알맞은 수를 써넣으세요.

1 $10+70=20+\blacksquare,$

$80=20+\blacksquare, \quad \blacksquare=\boxed{}$

20   60

2 $30+30=\blacksquare+40,$

$60=\blacksquare+40, \quad \blacksquare=\boxed{}$

20   40

3 $40+30=60+\boxed{}$

4 $50+10=\boxed{}+30$

5 $40+50=30+\boxed{}$

6 $70+20=\boxed{}+80$

7 $30+50=40+\boxed{}$

8 $20+20=\boxed{}+10$

● ☐ 안에 알맞은 수를 써넣으세요.

9 10+☐=40+20

호

10 ☐+40=20+30

유

11 40+☐=20+50

구

12 ☐+20=40+40

박

13 10+50=40+☐

리

14 40+50=☐+10

차

15 50+30=10+☐

마

16 70+20=☐+50

두

동화책의 제목은 무엇일까요?
☐ 안에 들어갈 수에 해당하는 글자를 써넣으면 힌트가 나와요.

연상퀴즈

10	20	30	40

50	60	70	80

,

04 (몇십몇)＋(몇십몇) (1)

✛ 2 | ＋ | 4의 세로셈

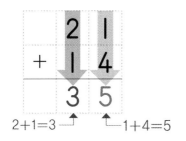

2+1=3 ⤴   ⤴ 1+4=5

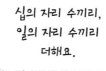
십의 자리 수끼리,
일의 자리 수끼리
더해요.

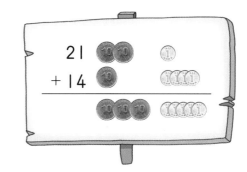

● 계산해 보세요.

1
```
    1 6
+   2 2
```

2
```
    3 5
+   1 1
```

3
```
    2 4
+   2 2
```

4
```
    1 4
+   3 1
```

5
```
    2 3
+   2 6
```

6
```
    1 4
+   2 5
```

7
```
    1 2
+   1 7
```

8
```
    2 8
+   1 1
```

9
```
    3 1
+   1 7
```

● 숫자판 위에 말이 놓인 곳의 수의 합을 구하세요.

10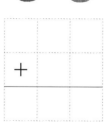

	3	5
+	1	3

11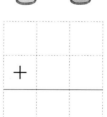

	1	6
+	2	1

12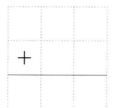

+		

13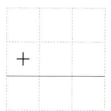

+		

14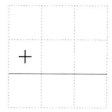

+		

15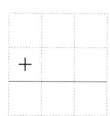

+		

16

+		

17

+		

18

+		

05 (몇십몇)＋(몇십몇) (2)

✛ 21＋14의 가로셈

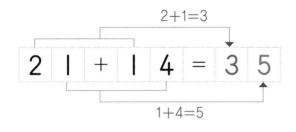

$2+1=3$

$$2 \ 1 \ + \ 1 \ 4 \ = \ 3 \ 5$$

$1+4=5$

십의 자리 수끼리,
일의 자리 수끼리 더해요.

● 계산해 보세요.

1 2 3 ＋ 1 2 ＝

2 1 6 ＋ 3 2 ＝

3 1 5 ＋ 1 3 ＝

4 2 3 ＋ 2 3 ＝

5 2 4 ＋ 1 5 ＝

6 3 8 ＋ 1 1 ＝

7 1 6 ＋ 3 1 ＝

8 2 5 ＋ 2 4 ＝

9 2 2 ＋ 1 3 ＝

10 1 3 ＋ 3 1 ＝

11 계산 결과를 따라가며 선을 그어 보세요.

06 (몇십몇)＋(몇십몇) ⑶

✚ 52＋13의 세로셈

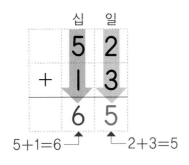

5+1=6 ← 2+3=5

십의 자리 수끼리,
일의 자리 수끼리
더해요.

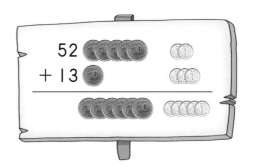

● 계산해 보세요.

1
```
    6 1
  + 2 3
```

2
```
    4 7
  + 1 1
```

3
```
    3 2
  + 4 6
```

4
```
    2 8
  + 3 1
```

5
```
    4 3
  + 3 4
```

6
```
    5 2
  + 1 5
```

7
```
    6 6
  + 1 3
```

8
```
    2 4
  + 3 4
```

9
```
    3 3
  + 5 4
```

● 선물의 수의 합을 구하세요.

선물								
수	63	13	51	34	72	21	43	25

10

	6	3
+	1	3

11

	5	1
+	3	4

12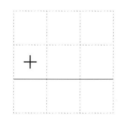

+		

13

+		

14

+		

15

+		

16

+		

17

+		

07 (몇십몇)＋(몇십몇) ⑷

✦ 52＋13의 가로셈

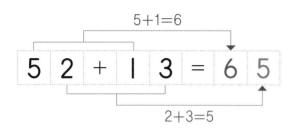

$5+1=6$

$$5 \ 2 \ + \ 1 \ 3 \ = \ 6 \ 5$$

$2+3=5$

십의 자리 수끼리,
일의 자리 수끼리
더해요.

● 계산해 보세요.

1 5 7 ＋ 2 2 ＝

2 7 4 ＋ 1 2 ＝

3 1 3 ＋ 8 5 ＝

4 4 5 ＋ 2 4 ＝

5 6 1 ＋ 3 7 ＝

6 5 3 ＋ 1 2 ＝

7 4 2 ＋ 4 5 ＝

8 2 1 ＋ 3 8 ＝

9 6 6 ＋ 2 2 ＝

10 7 2 ＋ 2 2 ＝

● 계산해 보세요.

11 개

74+23=⬚

12 상

35+41=⬚

13 름

34+55=⬚

14 는

58+41=⬚

15 다

82+13=⬚

16 에

52+25=⬚

17 운

34+62=⬚

18 아

23+65=⬚

19 서

47+31=⬚

20 세

12+62=⬚

계산 결과에 해당하는 글자를 써넣어 만든
수수께끼의 답은 무엇일까요?

수수께끼

74	76	77	78

제일

88	89	95	96	97	99
						?

08 □는 얼마인지 알아보기

✤ □2＋34＝86에서 □ 구하기

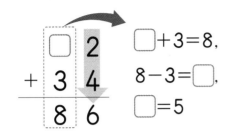

$\square$＋3＝8,

8－3＝$\square$,

$\square$＝5

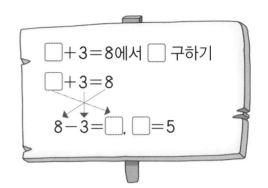

● □ 안에 알맞은 수를 써넣으세요.

1
```
   □ 3
+  1 5
───────
   5 8
```

2
```
   □ 2
+  3 6
───────
   4 8
```

3
```
   □ 5
+  2 2
───────
   8 7
```

4
```
   4 □
+  1 3
───────
   5 5
```

5
```
   3 □
+  3 6
───────
   6 9
```

6
```
   5 □
+  2 1
───────
   7 8
```

7
```
   2 4
+  □ 3
───────
   5 7
```

8
```
   7 2
+  □ 7
───────
   9 9
```

9
```
   2 1
+  4 □
───────
   6 4
```

● 잉크가 번져서 보이지 <u>않는</u> 곳의 수를 구하세요.

10
```
  5 ▢
+ 3 1
─────
  8 6
```
_____

11
```
  2 1
+ ▢ 3
─────
  6 4
```
_____

12
```
  4 ▢
+ 4 1
─────
  8 3
```
_____

13
```
  3 6
+ 2 ▢
─────
  5 8
```
_____

14
```
  ▢ 3
+ 2 6
─────
  6 9
```
_____

15
```
  3 5
+ ▢ 1
─────
  7 6
```
_____

16
```
  5 ▢
+ 2 4
─────
  7 9
```
_____

17
```
  6 1
+ 3 ▢
─────
  9 9
```
_____

18
```
  6 7
+ ▢ 2
─────
  9 9
```
_____

09 집중 연산 ①

● 화살표를 따라가며 계산해 보세요.

1
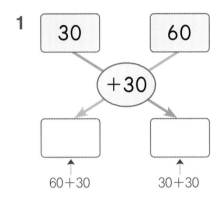

30   60

+30

60+30   30+30

2
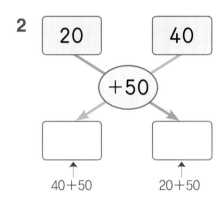

20   40

+50

40+50   20+50

3
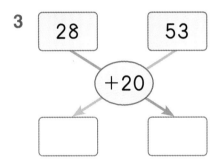

28   53

+20

4
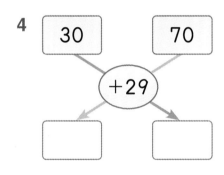

30   70

+29

5
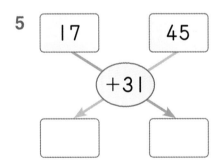

17   45

+31

6
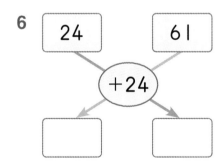

24   61

+24

7
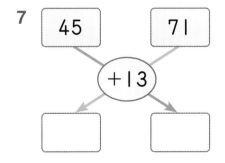

45   71

+13

8
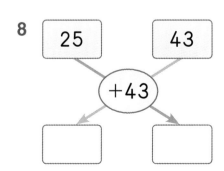

25   43

+43

● 두 수의 합을 빈칸에 써넣으세요.

9
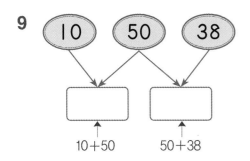

10＋50   50＋38

10
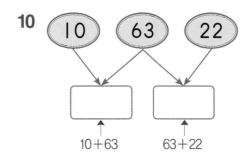

10＋63   63＋22

11
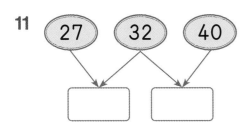

12
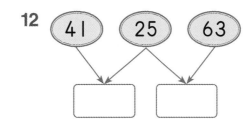

13
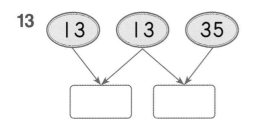

14
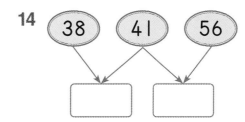

15
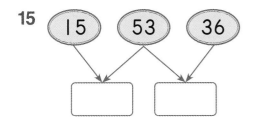

16
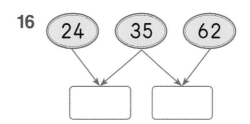

● 계산해 보세요.

1
```
   1 0
 + 8 0
```

2
```
   2 1
 + 3 5
```

3
```
   1 6
 + 5 0
```

4
```
   2 7
 + 3 1
```

5
```
   4 2
 + 3 4
```

6
```
   2 2
 + 1 7
```

7
```
   3 0
 + 1 9
```

8
```
   2 5
 + 4 2
```

9
```
   6 1
 + 2 1
```

10
```
   6 5
 + 1 3
```

11
```
   7 0
 + 1 4
```

12
```
   2 9
 + 6 0
```

13
```
   4 0
 + 4 6
```

14
```
   8 3
 + 1 3
```

15
```
   4 7
 + 5 2
```

16
```
   2 0
 + 5 0
```

17
```
   4 3
 + 2 5
```

18
```
   1 7
 + 6 0
```

19
```
   2 5
 + 3 2
```

20
```
   3 1
 + 4 7
```

21
```
   3 3
 + 1 6
```

22
```
   4 0
 + 1 3
```

23
```
   2 4
 + 3 2
```

24
```
   7 2
 + 1 1
```

25
```
   5 3
 + 1 5
```

26
```
   6 0
 + 1 2
```

27
```
   2 6
 + 5 0
```

28
```
   3 0
 + 3 5
```

29
```
   7 4
 + 1 4
```

30
```
   4 2
 + 3 6
```

● 계산해 보세요.

1 60+20
53+40

2 78+11
34+51

3 40+40
60+34

4 37+12
24+25

5 26+23
42+26

6 27+50
34+34

7 15+33
17+61

8 28+51
39+40

9 15+52
32+46

10 53+16
63+22

11 24+52
35+40

12 21+38
42+15

13 75+20
71+15

14 45+32
53+41

15 46+51
64+25

16 50+20

64+10

17 57+12

33+52

18 30+30

50+39

19 27+21

43+21

20 34+15

22+26

21 23+41

32+52

22 16+22

27+42

23 11+73

24+42

24 33+50

23+46

25 51+24

63+12

26 25+51

21+34

27 32+45

41+35

28 74+15

70+16

29 42+15

38+21

30 42+51

62+15

받아내림이 없는 100까지의 수의 뺄셈 (1)

학습내용

▶ (몇십)−(몇십)
▶ 차가 같아지는 뺄셈
▶ (몇십몇)−(몇)
▶ ☐가 얼마인지 알아보기

연산력 게임

스마트폰을 이용하여 QR을 찍으면 재미있는 연산 게임을 할 수 있습니다.

01 (몇십) − (몇십) (1)

✛ 50−20의 세로셈

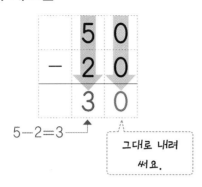

5−2=3

그대로 내려 써요.

10원짜리 5개에서 2개를 빼면 30원이 돼요.

● 계산해 보세요.

1

```
    4  0
 -  1  0
```

2

```
    5  0
 -  3  0
```

3

```
    7  0
 -  2  0
```

4

```
    6  0
 -  5  0
```

5

```
    3  0
 -  2  0
```

6

```
    8  0
 -  3  0
```

7

```
    7  0
 -  1  0
```

8

```
    6  0
 -  3  0
```

9

```
    9  0
 -  6  0
```

● 해영이와 정은이가 본 시험지입니다. 맞은 문제는 ○표, 틀린 문제는 /표 하고 바르게 고쳐 보세요.

10

쪽지 시험	이름	최 해 영
(몇십)—(몇십)		

(1)
$$\begin{array}{r} 3\,0 \\ -\ 1\,0 \\ \hline 2\,0 \end{array}$$

(2)
$$\begin{array}{r} 7\,0 \\ -\ 6\,0 \\ \hline 1\,0 \end{array}$$

(3)
$$\begin{array}{r} 8\,0 \\ -\ 4\,0 \\ \hline 3\,0 \end{array}$$

(4)
$$\begin{array}{r} 6\,0 \\ -\ 2\,0 \\ \hline 5\,0 \end{array}$$

(5)
$$\begin{array}{r} 5\,0 \\ -\ 4\,0 \\ \hline 1\,0 \end{array}$$

(6)
$$\begin{array}{r} 9\,0 \\ -\ 3\,0 \\ \hline 7\,0 \end{array}$$

11

쪽지 시험	이름	오 정 은
(몇십)—(몇십)		

(1)
$$\begin{array}{r} 4\,0 \\ -\ 2\,0 \\ \hline 2\,0 \end{array}$$

(2)
$$\begin{array}{r} 6\,0 \\ -\ 4\,0 \\ \hline 3\,0 \end{array}$$

(3)
$$\begin{array}{r} 8\,0 \\ -\ 5\,0 \\ \hline 3\,0 \end{array}$$

(4)
$$\begin{array}{r} 5\,0 \\ -\ 1\,0 \\ \hline 4\,0 \end{array}$$

(5)
$$\begin{array}{r} 8\,0 \\ -\ 2\,0 \\ \hline 7\,0 \end{array}$$

(6)
$$\begin{array}{r} 9\,0 \\ -\ 7\,0 \\ \hline 3\,0 \end{array}$$

02 (몇십) − (몇십) (2)

✦ 50−20의 가로셈

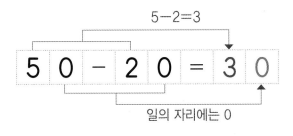

$5-2=3$

$$5\ 0\ -\ 2\ 0\ =\ 3\ 0$$

일의 자리에는 0

십의 자리 수끼리의 계산
$5-2=3$의 뒤에 0을
한 개 써요.

● 계산해 보세요.

1 $5\ 0\ -\ 1\ 0\ =$

$6\ 0\ -\ 3\ 0\ =$

2 $4\ 0\ -\ 2\ 0\ =$

$8\ 0\ -\ 6\ 0\ =$

3 $7\ 0\ -\ 4\ 0\ =$

$6\ 0\ -\ 4\ 0\ =$

4 $9\ 0\ -\ 4\ 0\ =$

$4\ 0\ -\ 3\ 0\ =$

5 $7\ 0\ -\ 1\ 0\ =$

$8\ 0\ -\ 5\ 0\ =$

6 $5\ 0\ -\ 4\ 0\ =$

$9\ 0\ -\ 5\ 0\ =$

7 $7\ 0\ -\ 3\ 0\ =$

$8\ 0\ -\ 4\ 0\ =$

8 $6\ 0\ -\ 1\ 0\ =$

$9\ 0\ -\ 8\ 0\ =$

9 계산 결과를 따라가며 선을 그어 보고 세훈이가 준비할 물건에 ○표 하세요.

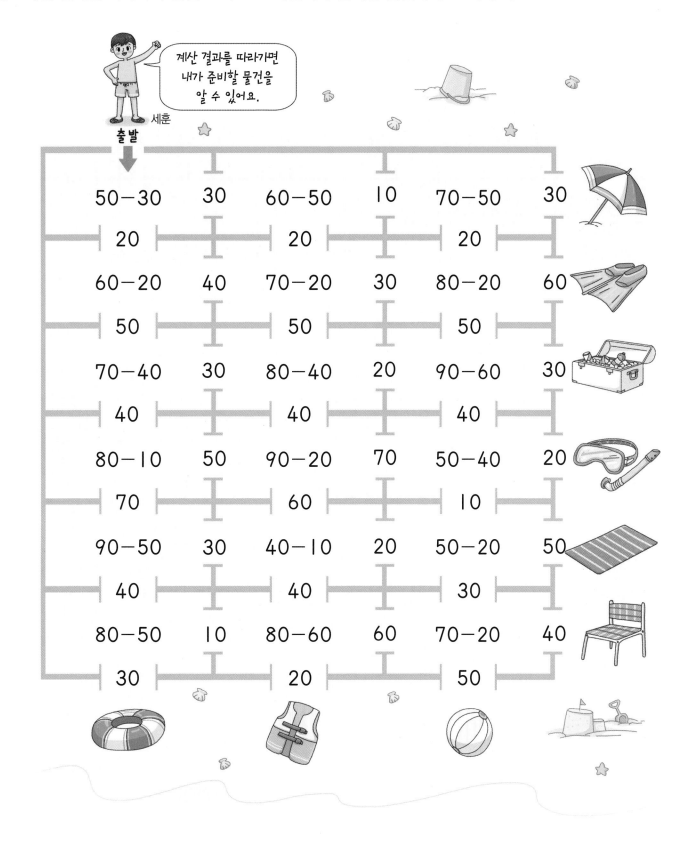

03 차가 같아지는 뺄셈

✛ 50−30=40−☐에서 ☐ 구하기

$$50-30=40-\boxed{}$$
$$20=40-\boxed{},$$
$$\boxed{}=40-20=20$$

'='의 왼쪽과
오른쪽의 계산 결과가
같아야 해요.

● ☐ 안에 알맞은 수를 써넣으세요.

1 60−50=70−■,
   ☐=70−■
   ■=70−☐=☐

2 50−20=60−■,
   ☐=60−■,
   ■=60−☐=☐

3 60−20=70−☐

4 80−50=90−☐

5 90−50=50−☐

6 60−30=70−☐

7 70−50=80−☐

8 70−60=80−☐

● ▢ 안에 알맞은 수를 써넣으세요.

9 30 − 20 = 50 − ▢

채

10 40 − 20 = 30 − ▢

주

11 50 − 10 = 90 − ▢

소

12 60 − 40 = 90 − ▢

끼

13 80 − 60 = 40 − ▢

황

14 40 − 10 = 90 − ▢

토

15 70 − 10 = 90 − ▢

색

▢ 안에 들어갈 수에
해당하는 글자를 써넣으면
어떤 단어가 생각날까요?

연상퀴즈

10	20	30		40	50		60	70

,

04 (몇십몇) − (몇) (1)

✛ 57−5의 세로셈

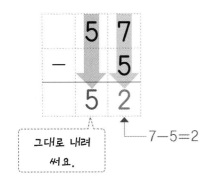

그대로 내려 써요.

7−5=2

57원에서 5원을 빼면 52원이 남아요.

● 계산해 보세요.

1
```
    5 6
 −    4
```

2
```
    8 8
 −    5
```

3
```
    6 9
 −    3
```

4
```
    7 3
 −    1
```

5
```
    5 5
 −    4
```

6
```
    9 7
 −    3
```

7
```
    6 9
 −    8
```

8
```
    8 6
 −    3
```

9
```
    9 4
 −    2
```

● 과일 가게에 있는 과일의 수입니다. 과일의 수의 차를 구하세요.

55개 79개 67개 88개

10

	5	5
−		3

11

	7	9
−		6

12

13

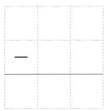

14

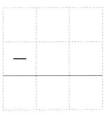

15

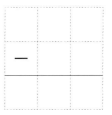

16

17

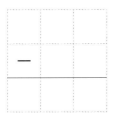

18

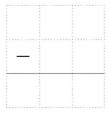

05 (몇십몇) − (몇) (2)

✛ 57−5의 가로셈

십의 자리 수는 그대로 쓰고, 일의 자리 수끼리 빼요.

● 계산해 보세요.

1 5 9 − 4 =

7 6 − 5 =

2 5 6 − 4 =

6 3 − 2 =

3 9 3 − 1 =

6 9 − 8 =

4 7 8 − 5 =

5 9 − 7 =

5 5 3 − 2 =

6 6 − 3 =

6 8 8 − 4 =

6 7 − 2 =

7 6 5 − 3 =

8 9 − 8 =

8 6 9 − 7 =

9 4 − 1 =

● 다람쥐가 모은 도토리의 수입니다. 다람쥐가 먹은 도토리의 수를 구하세요.

9

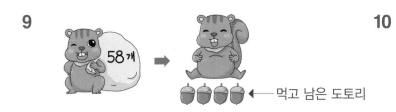

먹고 남은 도토리

| 5 | 8 | − | 4 | = | | | (개) |

10

먹고 남은 도토리

| 6 | 5 | − | 5 | = | | | (개) |

11

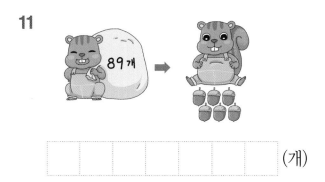

| | | | | | | (개) |

12

| | | | | | | (개) |

13

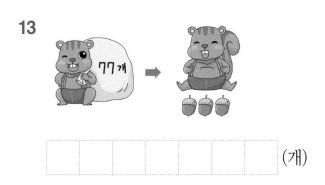

| | | | | | | (개) |

14

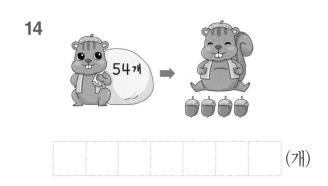

| | | | | | | (개) |

15

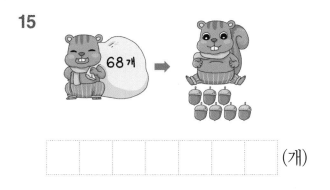

| | | | | | | (개) |

16

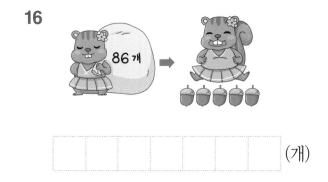

| | | | | | | (개) |

06 몇십을 (몇십몇) − (몇)으로 나타내기

✚ 50을 (몇십몇) − (몇)으로 나타내기

$$50=51-1, \ 50=52-2$$
$$50=53-3, \ 50=54-4, \ \ldots$$
➡ $50=5\bigstar-\bigstar$

$40=41-1$	$40=46-6$
$40=42-2$	$40=47-7$
$40=43-3$	$40=48-8$
$40=44-4$	$40=49-9$
$40=45-5$	

● ☐ 안에 알맞은 수를 써넣으세요.

1 $50=51-\boxed{}$

$50=54-\boxed{}$

2 $60=63-\boxed{}$

$60=68-\boxed{}$

3 $70=77-\boxed{}$

$70=72-\boxed{}$

4 $80=86-\boxed{}$

$80=84-\boxed{}$

5 $90=96-\boxed{}$

$90=97-\boxed{}$

6 $50=58-\boxed{}$

$70=74-\boxed{}$

7 $60=67-\boxed{}$

$80=81-\boxed{}$

8 $60=65-\boxed{}$

$90=93-\boxed{}$

● 몇십으로 나타내려고 합니다. ☐ 안에 알맞은 수를 써넣고, 풍선 안의 수 중 ☐ 안에 들어가지 <u>않는</u> 수에 ×표 하세요.

9

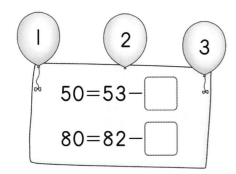

$50=53-\boxed{}$

$80=82-\boxed{}$

10

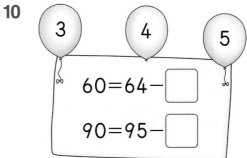

$60=64-\boxed{}$

$90=95-\boxed{}$

11

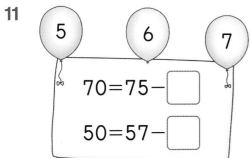

$70=75-\boxed{}$

$50=57-\boxed{}$

12

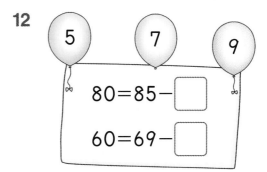

$80=85-\boxed{}$

$60=69-\boxed{}$

13

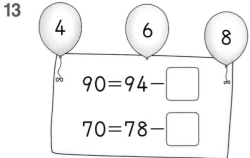

$90=94-\boxed{}$

$70=78-\boxed{}$

14

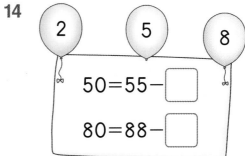

$50=55-\boxed{}$

$80=88-\boxed{}$

15

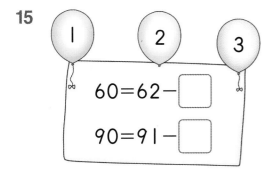

$60=62-\boxed{}$

$90=91-\boxed{}$

16

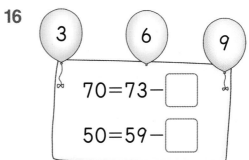

$70=73-\boxed{}$

$50=59-\boxed{}$

✚ 6□−5=62에서 □ 구하기

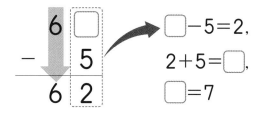

□−5=2,
2+5=□,
□=7

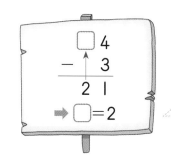

받아내림이
없을 때에는
계산 결과의 십의 자리
수를 그대로 써요.

● □ 안에 알맞은 수를 써넣으세요.

1
```
  5 □
−   4
─────
  5 1
```

2
```
  7 □
−   2
─────
  7 5
```

3
```
  8 □
−   5
─────
  8 0
```

4
```
  7 6
−   □
─────
  7 2
```

5
```
  9 8
−   □
─────
  9 1
```

6
```
  6 6
−   □
─────
  6 5
```

7
```
  □ 6
−   4
─────
  5 2
```

8
```
  □ 5
−   2
─────
  6 3
```

9
```
  □ 8
−   3
─────
  9 5
```

● 수영장의 탈의실에 들어가려고 합니다. ☐ 안에 들어갈 숫자가 가장 큰 곳을 사용할 수 있습니다. 사용할 수 있는 탈의실에 ○표 하세요.

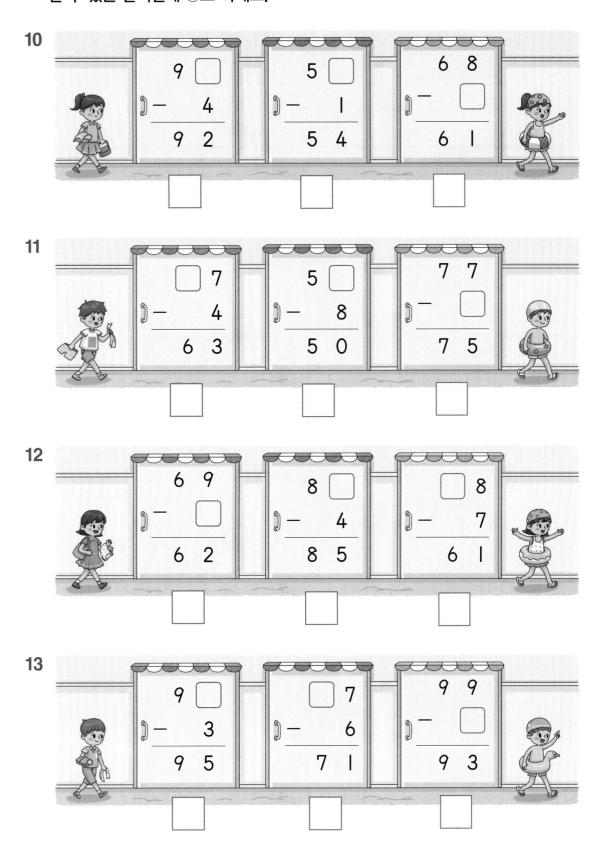

10

$$\begin{array}{r} 9\ \square \\ -\ \ \ 4 \\ \hline 9\ 2 \end{array}$$

$$\begin{array}{r} 5\ \square \\ -\ \ \ 1 \\ \hline 5\ 4 \end{array}$$

$$\begin{array}{r} 6\ 8 \\ -\ \ \square \\ \hline 6\ 1 \end{array}$$

11

$$\begin{array}{r} \square\ 7 \\ -\ \ \ 4 \\ \hline 6\ 3 \end{array}$$

$$\begin{array}{r} 5\ \square \\ -\ \ \ 8 \\ \hline 5\ 0 \end{array}$$

$$\begin{array}{r} 7\ 7 \\ -\ \ \square \\ \hline 7\ 5 \end{array}$$

12

$$\begin{array}{r} 6\ 9 \\ -\ \ \square \\ \hline 6\ 2 \end{array}$$

$$\begin{array}{r} 8\ \square \\ -\ \ \ 4 \\ \hline 8\ 5 \end{array}$$

$$\begin{array}{r} \square\ 8 \\ -\ \ \ 7 \\ \hline 6\ 1 \end{array}$$

13

$$\begin{array}{r} 9\ \square \\ -\ \ \ 3 \\ \hline 9\ 5 \end{array}$$

$$\begin{array}{r} \square\ 7 \\ -\ \ \ 6 \\ \hline 7\ 1 \end{array}$$

$$\begin{array}{r} 9\ 9 \\ -\ \ \square \\ \hline 9\ 3 \end{array}$$

08 집중 연산 ❶

● 한가운데 수에서 중간의 수를 빼서 빈칸에 써넣으세요.

1

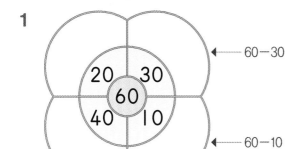

$\leftarrow 60-30$

$\leftarrow 60-10$

2

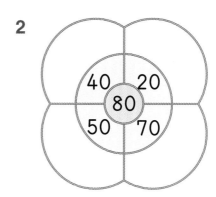

3

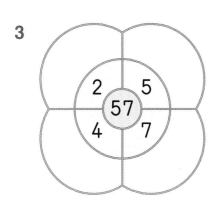

4

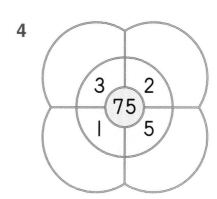

5

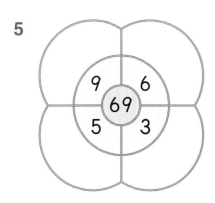

6

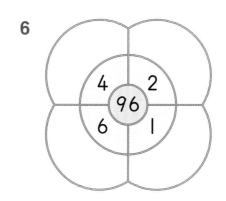

7

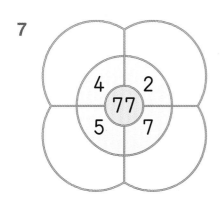

8

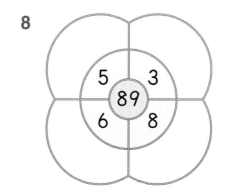

9

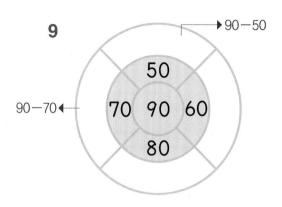

10

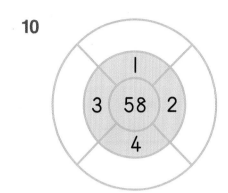

11

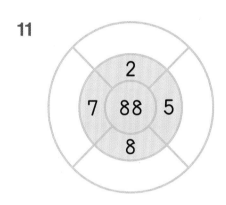

12

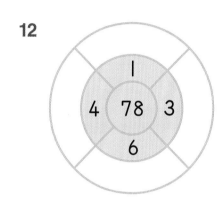

13

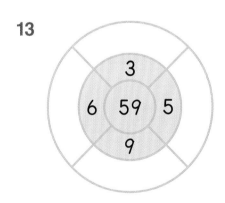

14

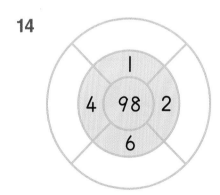

15

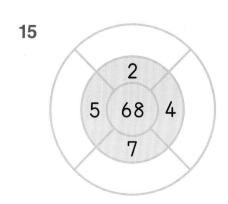

16

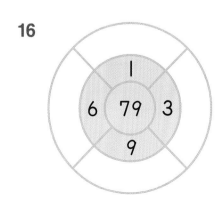

09 집중 연산 ❷

● 화살표를 따라가며 계산해 보세요.

1
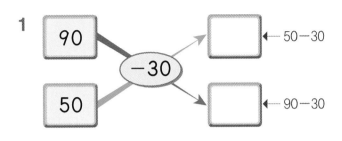
90
50
−30
50−30
90−30

2
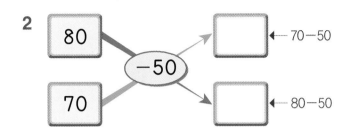
80
70
−50
70−50
80−50

3
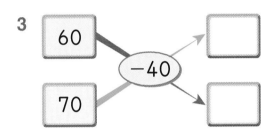
60
70
−40

4
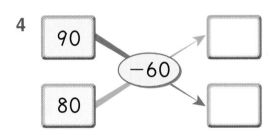
90
80
−60

5
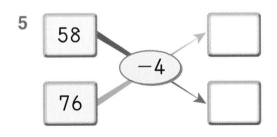
58
76
−4

6
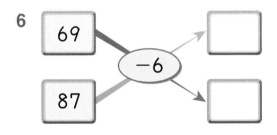
69
87
−6

7
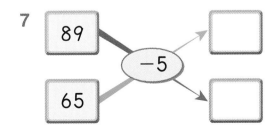
89
65
−5

8
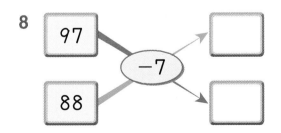
97
88
−7

9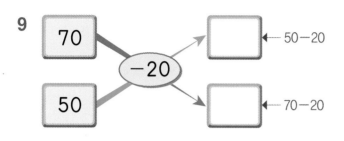

70　−20　□ ←--- 50−20
50　　　□ ←--- 70−20

10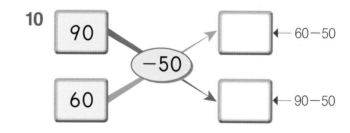

90　−50　□ ←--- 60−50
60　　　□ ←--- 90−50

11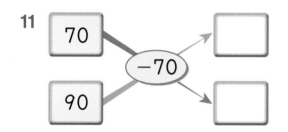

70　−70
90

12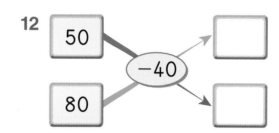

50　−40
80

13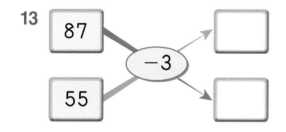

87　−3
55

14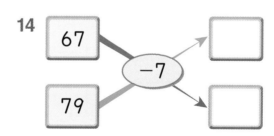

67　−7
79

15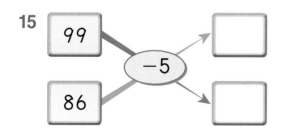

99　−5
86

16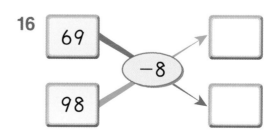

69　−8
98

10 집중 연산 ❸

● 계산해 보세요.

1	75 − 3	**2**	58 − 7	**3**	96 − 2

4	69 − 8	**5**	84 − 3	**6**	78 − 6

7	50 −20	**8**	56 − 5	**9**	80 −40

10	69 − 3	**11**	70 −30	**12**	77 − 5

13	86 − 5	**14**	90 −70	**15**	99 − 6

16 70−10

    60−40

17 50−10

    80−60

18 70−50

    90−50

19 80−20

    70−60

20 60−20

    90−40

21 70−20

    90−20

22 81−1

    55−5

23 56−2

    95−3

24 78−7

    89−6

25 68−6

    74−3

26 94−4

    58−2

27 57−3

    98−5

28 64−2

    95−3

29 53−3

    79−5

30 86−5

    99−3

▶ (몇십몇)−(몇십)

▶ (몇십몇)−(몇십몇)

▶ ☐는 얼마인지 알아보기

연산력 게임

스마트폰을 이용하여 QR을 찍으면 재미있는 연산 게임을 할 수 있습니다.

01 (몇십몇)−(몇십) (1)

✚ 45−20의 세로셈

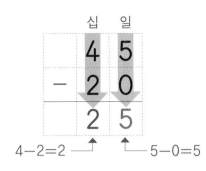

45원에서 20원을 빼면 25원이 남아요.

● 계산해 보세요.

1
	2	4
−	1	0

2
	5	2
−	2	0

3
	4	7
−	3	0

4
	3	9
−	2	0

5
	4	5
−	2	0

6
	6	4
−	5	0

7
	8	6
−	6	0

8
	7	1
−	4	0

9
	9	3
−	5	0

● 주어진 미술용품의 색의 수를 보고 계산해 보세요.

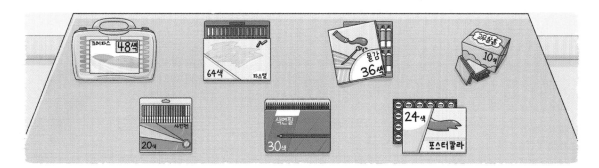

10 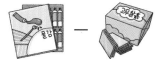 —

	3	6
—	1	0

11  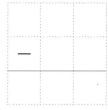 —

—		

12 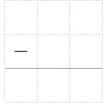 —

—		

13 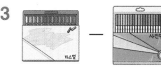 —

—		

14 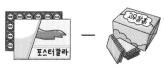 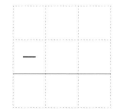 —

—		

15  —

—		

16   —

—		

17 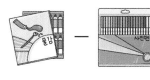 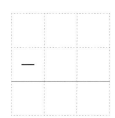 —

—		

02 (몇십몇)−(몇십) (2)

✛ 45−20의 가로셈

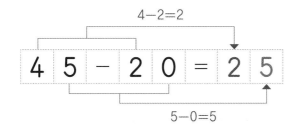

$4-2=2$

$$4 \ 5 \ - \ 2 \ 0 \ = \ 2 \ 5$$

$5-0=5$

십의 자리 수끼리,
일의 자리 수끼리
빼요.

● 계산해 보세요.

1 22−10=

51−10=

2 35−20=

47−20=

3 76−10=

58−30=

4 64−20=

59−40=

5 71−30=

94−30=

6 63−40=

88−40=

7 62−50=

77−50=

8 75−60=

81−60=

● 계산해 보세요.

9   $26 - 10 = \boxed{}$

10   $39 - 20 = \boxed{}$

11   $47 - 20 = \boxed{}$

12   $53 - 30 = \boxed{}$

13   $68 - 30 = \boxed{}$

14   $76 - 10 = \boxed{}$

15   $74 - 40 = \boxed{}$

16   $88 - 20 = \boxed{}$

17   $87 - 70 = \boxed{}$

18   $94 - 40 = \boxed{}$

19   $92 - 40 = \boxed{}$

계산 결과에 해당하는 칸을
색칠하면 내가 좋아하는 반찬은
무엇인지 알 수 있어요.

16	17	18	19
21	23	25	27
32	34	36	38
40	42	44	46
48	50	52	54
62	64	66	68

03 (몇십몇) – (몇십몇) (1)

✛ 35 – 23의 세로셈

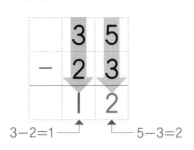

$3 - 2 = 1$　　$5 - 3 = 2$

35원에서 10원짜리
2개, 1원짜리 3개를
빼면 12원이 남아요.

● 계산해 보세요.

1
```
    2 8
  - 1 6
```

2
```
    2 3
  - 1 1
```

3
```
    2 5
  - 1 5
```

4
```
    3 9
  - 1 7
```

5
```
    3 5
  - 2 4
```

6
```
    3 4
  - 1 4
```

7
```
    4 7
  - 3 6
```

8
```
    4 8
  - 1 1
```

9
```
    4 9
  - 2 5
```

● 재한이네 농장에 있던 선인장 화분의 수입니다. 팔고 남은 선인장 화분은 몇 개인지 구하세요.

10

13개를 팔았어요.

24개

	2	4
−	1	3
			(개)

11

16개를 팔았어요.

38개

−		
			(개)

12

22개를 팔았어요.

48개

−		
			(개)

13

11개를 팔았어요.

31개

−		
			(개)

14

23개를 팔았어요.

29개

−		
			(개)

15

12개를 팔았어요.

43개

−		
			(개)

16

37개를 팔았어요.

49개

−		
			(개)

17

21개를 팔았어요.

35개

−		
			(개)

04 (몇십몇)−(몇십몇) (2)

✚ 35−23의 가로셈

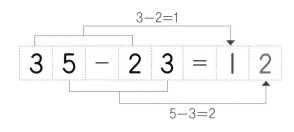

십의 자리 수끼리,
일의 자리 수끼리
빼요.

● 계산해 보세요.

1   45−23= ☐

     43−12= ☐

2   49−32= ☐

     46−25= ☐

3   26−13= ☐

     29−12= ☐

4   27−22= ☐

     25−24= ☐

5   33−23= ☐

     39−36= ☐

6   37−15= ☐

     36−26= ☐

7   48−41= ☐

     24−14= ☐

8   39−14= ☐

     31−21= ☐

● 아기 동물은 어미 동물보다 몇 마리 더 많은지 구하세요.

9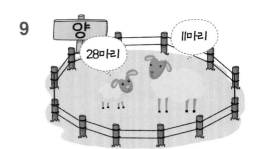

➡ 28 − 11 = [ ] (마리)

10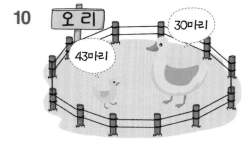

➡ 43 − 30 = [ ] (마리)

11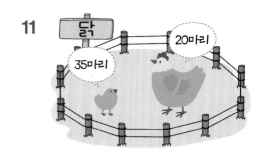

➡ 35 − [ ] = [ ] (마리)

12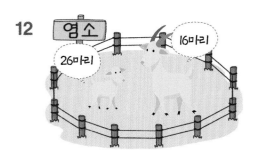

➡ 26 − [ ] = [ ] (마리)

13

➡ [ ] − 21 = [ ] (마리)

14

➡ [ ] − 17 = [ ] (마리)

15

➡ [ ] − 36 = [ ] (마리)

16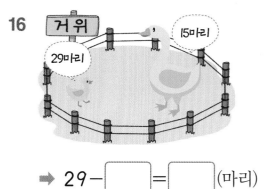

➡ 29 − [ ] = [ ] (마리)

05 (몇십몇) − (몇십몇) (3)

✛ 54−31의 세로셈

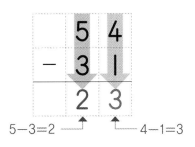

5−3=2 ↑   ↑ 4−1=3

54에서 십 모형 3개, 낱개 모형 1개를 빼면 23이 남아요.

● 계산해 보세요.

1

```
    5  7
 −  2  2
```

2

```
    6  2
 −  5  1
```

3

```
    7  6
 −  4  3
```

4

```
    6  4
 −  2  4
```

5

```
    8  9
 −  7  5
```

6

```
    5  8
 −  3  6
```

7

```
    7  9
 −  5  6
```

8

```
    7  5
 −  1  3
```

9

```
    8  7
 −  6  3
```

● 계산해 보세요.

계산 결과가 40보다 작은 당근만 뽑을 거예요.

10

```
  7 3
- 6 2
```

11

```
  6 7
- 2 3
```

12

```
  4 6
- 3 1
```

13

```
  8 8
- 5 6
```

14

```
  9 8
- 4 1
```

15

```
  5 9
- 4 1
```

16

```
  7 4
- 1 3
```

17

```
  4 9
- 2 5
```

18

```
  8 7
- 2 2
```

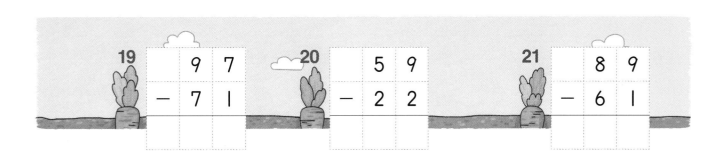

19

```
  9 7
- 7 1
```

20

```
  5 9
- 2 2
```

21

```
  8 9
- 6 1
```

토끼가 뽑은 당근은 몇 개일까요?

06 (몇십몇) − (몇십몇) (4)

✛ 54−31의 가로셈

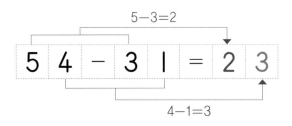

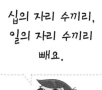
십의 자리 수끼리,
일의 자리 수끼리
빼요.

● 계산해 보세요.

1 79−35=☐

53−11=☐

2 85−24=☐

68−33=☐

3 56−15=☐

94−64=☐

4 51−30=☐

83−22=☐

5 58−31=☐

67−34=☐

6 89−64=☐

77−66=☐

7 78−16=☐

89−38=☐

8 69−27=☐

67−12=☐

● 계산해 보세요.

9 몇
78−21 =

10 오
59−31 =

11 살
94−33 =

12 이
89−47 =

13 의
76−41 =

14 는
67−13 =

15 나
98−57 =

16 이
79−49 =

계산 결과에 해당하는 글자를 써넣어
만든 수수께끼의 답은 무엇일까요?

수수께끼

28	30	35	41	42	54	57	61

?

07 ☐는 얼마인지 알아보기

✤ 4☐−12=32에서 ☐ 구하기

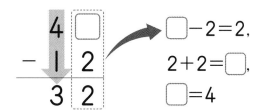

☐−2=2,
2+2=☐,
☐=4

✤ 35−☐2=23에서 ☐ 구하기

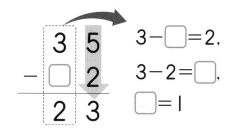

3−☐=2,
3−2=☐,
☐=1

● ☐ 안에 알맞은 수를 써넣으세요.

1
$$\begin{array}{r} 3\ \square \\ -\ 1\ 2 \\ \hline 2\ 3 \end{array}$$

2
$$\begin{array}{r} 4\ \square \\ -\ 3\ 4 \\ \hline 1\ 1 \end{array}$$

3
$$\begin{array}{r} 5\ \square \\ -\ 1\ 6 \\ \hline 4\ 0 \end{array}$$

4
$$\begin{array}{r} \square\ 5 \\ -\ 2\ 4 \\ \hline 2\ 1 \end{array}$$

5
$$\begin{array}{r} \square\ 9 \\ -\ 3\ 3 \\ \hline 3\ 6 \end{array}$$

6
$$\begin{array}{r} \square\ 6 \\ -\ 1\ 2 \\ \hline 3\ 4 \end{array}$$

7
$$\begin{array}{r} 6\ 3 \\ -\ 1\ \square \\ \hline 5\ 1 \end{array}$$

8
$$\begin{array}{r} 7\ 7 \\ -\ 2\ \square \\ \hline 5\ 4 \end{array}$$

9
$$\begin{array}{r} 8\ 9 \\ -\ \square\ 3 \\ \hline 4\ 6 \end{array}$$

10 ⬜ 안에 들어갈 수를 따라가며 선을 그어 보세요.

08 집중 연산 ①

● 화살표를 따라가며 계산해 보세요.

1
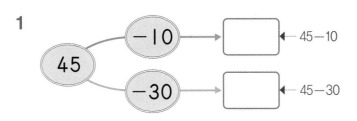

2
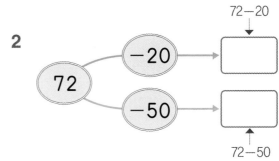

3
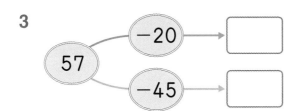

4
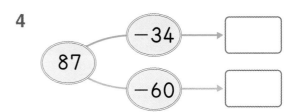

5
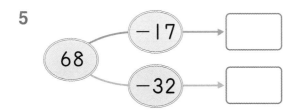

6
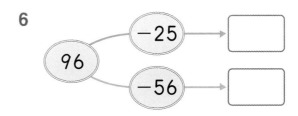

7
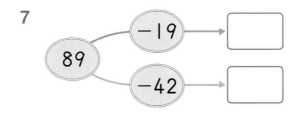

8
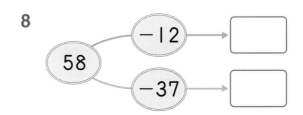

● 선의 양 끝에 있는 두 수의 차를 구하여 가운데 ☐ 안에 알맞은 수를 써넣으세요.

9

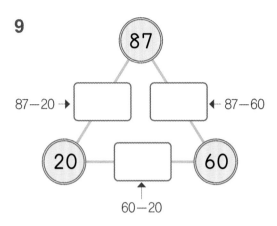

87 − 20 →

← 87 − 60

60 − 20

10

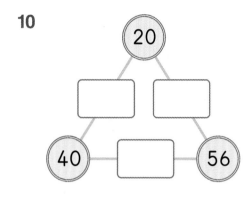

11

12

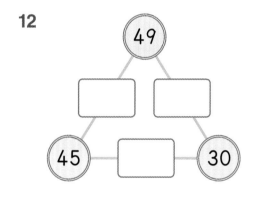

13

14

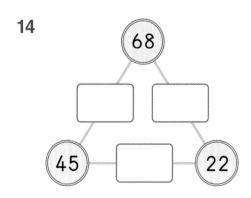

09 집중 연산 ❷

● 계산해 보세요.

1
```
   2 8
 - 1 5
```

2
```
   3 7
 - 2 0
```

3
```
   4 3
 - 3 0
```

4
```
   5 4
 - 2 0
```

5
```
   5 8
 - 1 7
```

6
```
   6 2
 - 4 0
```

7
```
   6 6
 - 1 5
```

8
```
   6 9
 - 4 8
```

9
```
   7 2
 - 5 1
```

10
```
   7 5
 - 3 0
```

11
```
   8 3
 - 4 3
```

12
```
   8 8
 - 6 5
```

13
```
   9 2
 - 7 0
```

14
```
   9 6
 - 4 5
```

15
```
   9 9
 - 1 6
```

16
```
   2 7
 − 1 2
```

17
```
   3 8
 − 1 2
```

18
```
   4 5
 − 2 0
```

19
```
   5 9
 − 3 0
```

20
```
   4 6
 − 1 3
```

21
```
   7 4
 − 5 0
```

22
```
   6 8
 − 1 1
```

23
```
   6 4
 − 3 3
```

24
```
   7 5
 − 4 2
```

25
```
   8 4
 − 6 2
```

26
```
   7 5
 − 4 5
```

27
```
   9 8
 − 5 7
```

28
```
   7 9
 − 3 1
```

29
```
   8 7
 − 5 0
```

30
```
   9 9
 − 2 4
```

10 집중 연산 ❸

● 계산해 보세요.

1   43−12
     63−40

2   52−30
     81−60

3   53−10
     88−60

4   37−30
     75−61

5   63−22
     92−40

6   26−10
     39−20

7   47−15
     35−23

8   56−25
     45−33

9   35−14
     67−32

10   68−26
     74−53

11   29−24
     38−27

12   46−24
     87−22

13   44−24
     95−34

14   58−37
     79−58

15   68−32
     97−56

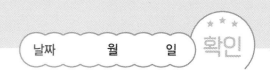
16 35−10

75−50

17 47−20

88−30

18 68−40

93−60

19 27−12

58−23

20 95−81

66−31

21 79−50

32−10

22 45−14

77−42

23 39−32

57−47

24 24−12

68−45

25 87−10

96−20

26 78−43

65−51

27 47−25

56−32

28 53−22

36−12

29 67−25

43−21

30 87−57

98−56

로마 숫자로 덧셈하기

옛날 로마에서는 수를 로마 숫자로 나타내었어요. 지금은
아라비아 숫자를 주로 사용하고 있지만 로마 숫자는 오늘날에도
여전히 시계의 숫자판이나 책 등에서 볼 수 있어요.

로마 숫자는 다음과 같아요.

1	2	3	4	5	6	7	8	9	10
I	II	III	IV	V	VI	VII	VIII	IX	X

20	30	40	50	60	70	80	90	100
XX	XXX	XL	L	LX	LXX	LXXX	XC	C

• 덧셈

$$
\begin{array}{r} X\,L \\ +\,X\,X\,X \\ \hline \end{array}
\quad\Rightarrow\quad
\begin{array}{r} 4\;0 \\ +\;3\;0 \\ \hline 7\;0 \end{array}
$$

> 로마 숫자표를 보고
> 수를 찾아 계산해
> 봐요.

❖ 로마 숫자로 덧셈을 해 볼까요?

1
$$
\begin{array}{r} L\,X \\ +\,X\,X \\ \hline \end{array}
\quad\Rightarrow
$$

水 漁 之 交
물   물고기   갈   사귈

수   어   지   교

물고기에게 물은 정말 소중한 존재이지요.
수어지교란 물고기와 물의 관계처럼,
아주 친밀하여 떨어질 수 없는 사이
또는 깊은 우정을 일컫는 말이랍니다.

해당 콘텐츠는 천재교육 '똑똑한 하루 독해'를 참고하여 제작되었습니다.
모든 공부의 기초가 되는 어휘력+독해력을 키우고 싶을 땐,
똑똑한 하루 독해&어휘를 풀어보세요!

뭘 좋아할지 몰라 다 준비했어♥
전과목 교재

전과목 시리즈 교재

●무등생 해법시리즈
– 국어/수학	1~6학년, 학기용
– 사회/과학	3~6학년, 학기용
– 봄·여름/가을·겨울	1~2학년, 학기용
– SET(전과목/국수, 국사과)	1~6학년, 학기용

●똑똑한 하루 시리즈
– 똑똑한 하루 독해	예비초~6학년, 총 14권
– 똑똑한 하루 글쓰기	예비초~6학년, 총 14권
– 똑똑한 하루 어휘	예비초~6학년, 총 14권
– 똑똑한 하루 한자	예비초~6학년, 총 14권
– 똑똑한 하루 수학	1~6학년, 학기용
– 똑똑한 하루 계산	예비초~6학년, 총 14권
– 똑똑한 하루 도형	예비초~6학년, 총 8권
– 똑똑한 하루 사고력	1~6학년, 학기용
– 똑똑한 하루 사회/과학	3~6학년, 학기용
– 똑똑한 하루 봄/여름/가을/겨울	1~2학년, 총 8권
– 똑똑한 하루 안전	1~2학년, 총 2권
– 똑똑한 하루 Voca	3~6학년, 학기용
– 똑똑한 하루 Reading	초3~초6, 학기용
– 똑똑한 하루 Grammar	초3~초6, 학기용
– 똑똑한 하루 Phonics	예비초~초등, 총 8권

●독해가 힘이다 시리즈
– 초등 문해력 독해가 힘이다 비문학편	3~6학년
– 초등 수학도 독해가 힘이다	1~6학년, 학기용
– 초등 문해력 독해가 힘이다 문장제수학편	1~6학년, 총 12권

영어 교재

●초등영어 교과서 시리즈
파닉스(1~4단계)	3~6학년, 학년용
영단어(1~4단계)	3~6학년, 학년용

●LOOK BOOK 영단어
3~6학년, 단행본

●원서 읽는 LOOK BOOK 영단어
3~6학년, 단행본

국가수준 시험 대비 교재

●해법 기초학력 진단평가 문제집
2~6학년·중1 신입생, 총 6권

똑똑한 하루

빅터연산

정답 및 풀이

1·c

초등 1 수준

정답 및 풀이
포인트 3가지

▶ 쉽게 찾을 수 있는 정답

▶ 알아보기 쉽게 정리된 정답

▶ 혼자서도 이해할 수 있는 친절한 문제 풀이

1 100까지의 수

01 60, 70 알아보기 8~9쪽

1. 60
2. 40
3. 70
4. 60
5. 50
6. 70
7. 60
8. 70

9.
60	
육십	예순

10.
70	
칠십	일흔

11.
50	
오십	쉰

12.
60	
육십	예순

13.
70	
칠십	일흔

02 80, 90 알아보기 10~11쪽

1. 80
2. 60
3. 90
4. 80
5. 90
6. 70

7.
쓰기	90
읽기	구십, 아흔

쓰기	80
읽기	팔십, 여든

쓰기	60
읽기	육십, 예순

8.
쓰기	90
읽기	구십, 아흔

쓰기	80
읽기	팔십, 여든

쓰기	70
읽기	칠십, 일흔

2. 달걀이 10개씩 6묶음이므로 60입니다.

4. 구슬이 10개씩 8묶음이므로 80입니다.

6. 연결 모형이 10개씩 7묶음이므로 70입니다.

7~8.

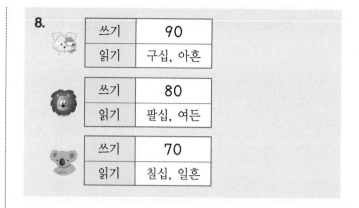

| 10개씩 6묶음 | 10개씩 8묶음 | 10개씩 9묶음 |

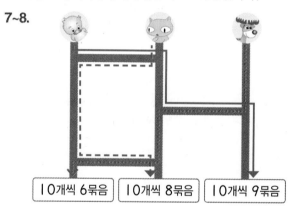

| 10개씩 7묶음 | 10개씩 8묶음 | 10개씩 9묶음 |

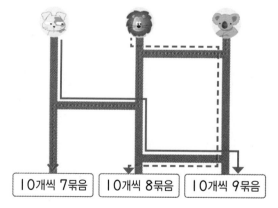

- 10개씩 6묶음은 60이라 쓰고, 육십 또는 예순이라고 읽습니다.
- 10개씩 7묶음은 70이라 쓰고, 칠십 또는 일흔이라고 읽습니다.
- 10개씩 8묶음은 80이라 쓰고, 팔십 또는 여든이라고 읽습니다.
- 10개씩 9묶음은 90이라 쓰고, 구십 또는 아흔이라고 읽습니다.

03 99까지의 수 알아보기 [12~13쪽]

1. 73
2. 67
3. 92
4. 83
5. 58
6. 75
7. 87
8. 54

9. 74;

십의 자리 숫자	7
일의 자리 숫자	4

10. 93;

십의 자리 숫자	9
일의 자리 숫자	3

11. 56;

십의 자리 숫자	5
일의 자리 숫자	6

12. 89;

십의 자리 숫자	8
일의 자리 숫자	9

13. 62;

십의 자리 숫자	6
일의 자리 숫자	2

14. 77;

십의 자리 숫자	7
일의 자리 숫자	7

15. 98;

십의 자리 숫자	9
일의 자리 숫자	8

16. 81;

십의 자리 숫자	8
일의 자리 숫자	1

04 수의 순서 알아보기 [14~15쪽]

1. 71 72 73 74 75 76 77 78
2. 89 90 91 92 93 94 95 96
3. 55 56 57 58 59 60 61 62

4. 93 94 95 96 97 98 99 100
5. 84 83 82 81 80 79 78 77

6.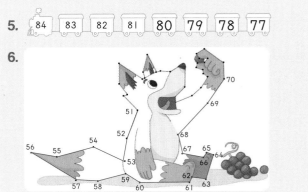

7.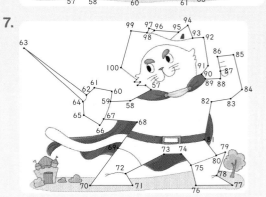

05 1만큼 더 큰 수, 1만큼 더 작은 수 [16~17쪽]

1. 1만큼 더 작은 수 / 1만큼 더 큰 수

57 — 58 — 59

2. 1만큼 더 작은 수 / 1만큼 더 큰 수

73 — 74 — 75

3. 1만큼 더 작은 수 / 1만큼 더 큰 수

88 — 89 — 90

4. 1만큼 더 작은 수 / 1만큼 더 큰 수

59 — 60 — 61

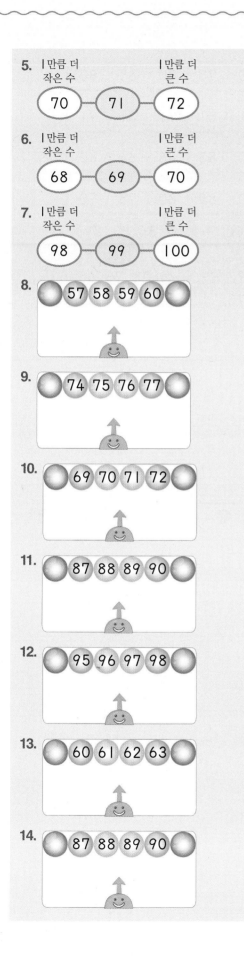

1. 58보다 |만큼 더 작은 수는 58 바로 앞의 수인 57이고,
58보다 |만큼 더 큰 수는 58 바로 뒤의 수인 59입니다.
2. 74보다 |만큼 더 작은 수는 74 바로 앞의 수인 73이고,
74보다 |만큼 더 큰 수는 74 바로 뒤의 수인 75입니다.
3. 89보다 |만큼 더 작은 수는 89 바로 앞의 수인 88이고,
89보다 |만큼 더 큰 수는 89 바로 뒤의 수인 90입니다.
4. 60보다 |만큼 더 작은 수는 60 바로 앞의 수인 59이고,
60보다 |만큼 더 큰 수는 60 바로 뒤의 수인 61입니다.
5. 7|보다 |만큼 더 작은 수는 7| 바로 앞의 수인 70이고,
7|보다 |만큼 더 큰 수는 7| 바로 뒤의 수인 72입니다.
6. 69보다 |만큼 더 작은 수는 69 바로 앞의 수인 68이고,
69보다 |만큼 더 큰 수는 69 바로 뒤의 수인 70입니다.
7. 99보다 |만큼 더 작은 수는 99 바로 앞의 수인 98이고,
99보다 |만큼 더 큰 수는 99 바로 뒤의 수인 100입니다.

06 수의 크기 비교하기 (1) 18~19쪽

1. >, > 2. >, >
3. <, < 4. <, >
5. >, > 6. <, <
7. >, > 8. >, <
9. <, < 10. 진수
11. 효진 12. 재건
13. 진영 14. 윤민
15. 완준 16. 하임
17. 정윤

10. 75>70이므로 시소가 내려간 쪽은 진수입니다.
11. 59>5|이므로 시소가 내려간 쪽은 효진입니다.
12. 82>80이므로 시소가 내려간 쪽은 재건입니다.
13. 8|>73이므로 시소가 내려간 쪽은 진영입니다.
14. 58>54이므로 시소가 내려간 쪽은 윤민입니다.
15. 76>72이므로 시소가 내려간 쪽은 완준입니다.
16. 60>56이므로 시소가 내려간 쪽은 하임입니다.
17. 69>65이므로 시소가 내려간 쪽은 정윤입니다.

07 수의 크기 비교하기 ⑵ 20~21쪽

1. 99에 ○표 **2.** 69에 ○표
3. 85에 ○표 **4.** 57에 ○표
5. 92에 ○표 **6.** 67에 ○표
7. 71에 ○표 **8.** 87에 ○표
9. 78에 ○표 **10.** 98에 ○표
11. 70에 ○표 **12.** 51에 ○표
13. 61에 ○표 **14.** 86에 ○표
15. 64에 ○표 **16.** 68에 ○표
17. 51에 ○표 **18.** 82에 ○표
19. 73에 ○표

1. 99>80>70이므로 99에 ○표 합니다.
2. 69>63>55이므로 69에 ○표 합니다.
3. 85>82>78이므로 85에 ○표 합니다.
4. 57>56>54이므로 57에 ○표 합니다.
5. 92>88>83이므로 92에 ○표 합니다.
6. 67>65>62이므로 67에 ○표 합니다.
7. 71>70>54이므로 71에 ○표 합니다.
8. 87>86>83이므로 87에 ○표 합니다.
9. 78>73>62이므로 78에 ○표 합니다.
10. 98>96>90이므로 98에 ○표 합니다.
11. 70<78<81이므로 70에 ○표 합니다.
12. 51<63<65이므로 51에 ○표 합니다.
13. 61<64<69이므로 61에 ○표 합니다.
14. 86<93<94이므로 86에 ○표 합니다.
15. 64<70<79이므로 64에 ○표 합니다.
16. 68<88<98이므로 68에 ○표 합니다.
17. 51<54<84이므로 51에 ○표 합니다.
18. 82<90<99이므로 82에 ○표 합니다.
19. 73<75<77이므로 73에 ○표 합니다.

08 규칙을 만들어 수 배열하기 22~23쪽

1. 74 76 78 80 82 84

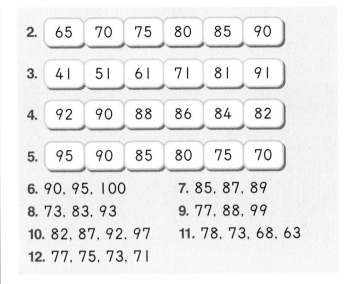

2. 65 70 75 80 85 90
3. 41 51 61 71 81 91
4. 92 90 88 86 84 82
5. 95 90 85 80 75 70

6. 90, 95, 100 **7.** 85, 87, 89
8. 73, 83, 93 **9.** 77, 88, 99
10. 82, 87, 92, 97 **11.** 78, 73, 68, 63
12. 77, 75, 73, 71

09 집중 연산 ❶ 24~25쪽

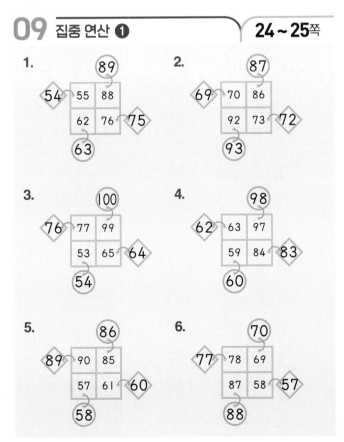

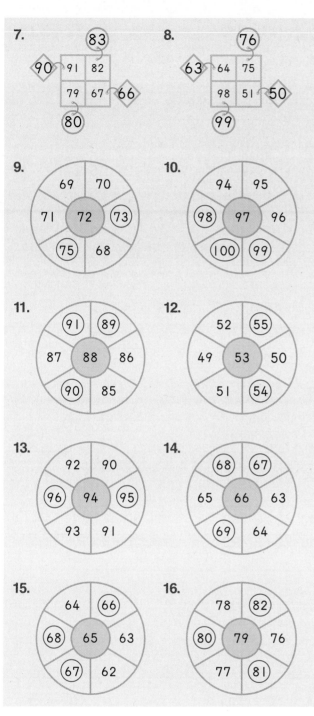

7.
83
90 | 91 | 82
79 | 67 | 66
80

8.
76
63 | 64 | 75
98 | 51 | 50
99

9.
69 | 70
71 | 72 | 73
75 | 68

10.
94 | 95
98 | 97 | 96
100 | 99

11.
91 | 89
87 | 88 | 86
90 | 85

12.
52 | 55
49 | 53 | 50
51 | 54

13.
92 | 90
96 | 94 | 95
93 | 91

14.
68 | 67
65 | 66 | 63
69 | 64

15.
64 | 66
68 | 65 | 63
67 | 62

16.
78 | 82
80 | 79 | 76
77 | 81

10 집중 연산 ❷　26~27쪽

1. 90　　　2. 63
3. 87　　　4. 70

5. 54　　　6. 92
7. 85　　　8. 100

9. 51 ➡

십의 자리 숫자	일의 자리 숫자
5	1

10. 72 ➡

십의 자리 숫자	일의 자리 숫자
7	2

11. 86 ➡

십의 자리 숫자	일의 자리 숫자
8	6

12. 69 ➡

십의 자리 숫자	일의 자리 숫자
6	9

13. 94 ➡

십의 자리 숫자	일의 자리 숫자
9	4

14. 75 ➡

십의 자리 숫자	일의 자리 숫자
7	5

15. 56 ➡

1만큼 더 작은 수	1만큼 더 큰 수
55	57

16. 73 ➡

1만큼 더 작은 수	1만큼 더 큰 수
72	74

17. 69 ➡

1만큼 더 작은 수	1만큼 더 큰 수
68	70

18. 80 ➡

1만큼 더 작은 수	1만큼 더 큰 수
79	81

19. 95 ➡

1만큼 더 작은 수	1만큼 더 큰 수
94	96

20. 99 ➡

1만큼 더 작은 수	1만큼 더 큰 수
98	100

21. <, >　　　22. >, <
23. >, <　　　24. >, <

25. <, >   26. <, >
27. >, >   28. >, <
29. >, <

15. 56보다 Ⅰ만큼 더 작은 수는 56 바로 앞의 수인 55이고,
56보다 Ⅰ만큼 더 큰 수는 56 바로 뒤의 수인 57입니다.

16. 73보다 Ⅰ만큼 더 작은 수는 73 바로 앞의 수인 72이고,
73보다 Ⅰ만큼 더 큰 수는 73 바로 뒤의 수인 74입니다.

17. 69보다 Ⅰ만큼 더 작은 수는 69 바로 앞의 수인 68이고,
69보다 Ⅰ만큼 더 큰 수는 69 바로 뒤의 수인 70입니다.

18. 80보다 Ⅰ만큼 더 작은 수는 80 바로 앞의 수인 79이고,
80보다 Ⅰ만큼 더 큰 수는 80 바로 뒤의 수인 81입니다.

19. 95보다 Ⅰ만큼 더 작은 수는 95 바로 앞의 수인 94이고,
95보다 Ⅰ만큼 더 큰 수는 95 바로 뒤의 수인 96입니다.

20. 99보다 Ⅰ만큼 더 작은 수는 99 바로 앞의 수인 98이고,
99보다 Ⅰ만큼 더 큰 수는 99 바로 뒤의 수인 100입니다.

2 받아올림이 없는 100까지의 수의 덧셈 (1)

01 그림으로 알아보는 (몇십)+(몇)   30~31쪽

1. $50 + 7 = 57$
2. $60 + 5 = 65$
3. $70 + 9 = 79$
4. $80 + 3 = 83$
5. $80 + 8 = 88$
6. $90 + 6 = 96$
7. 63   8. 71
9. $70+6=76$ 10. $50+5=55$
11. $80+4=84$ 12. $90+7=97$
13. $90+3=93$ 14. $80+2=82$

02 (몇십)+(몇)   32~33쪽

1.
$$\begin{array}{r} 5\ 0 \\ +\ \ \ 2 \\ \hline 5\ 2 \end{array}$$

2.
$$\begin{array}{r} 8\ 0 \\ +\ \ \ 6 \\ \hline 8\ 6 \end{array}$$

3.
$$\begin{array}{r} 6\ 0 \\ +\ \ \ 9 \\ \hline 6\ 9 \end{array}$$

4.
$$\begin{array}{r} 9\ 0 \\ +\ \ \ 5 \\ \hline 9\ 5 \end{array}$$

5.
$$\begin{array}{r} 7\ 0 \\ +\ \ \ 7 \\ \hline 7\ 7 \end{array}$$

6.
$$\begin{array}{r} 8\ 0 \\ +\ \ \ 1 \\ \hline 8\ 1 \end{array}$$

7.
$$\begin{array}{r} 7\ 0 \\ +\ \ \ 4 \\ \hline 7\ 4 \end{array}$$

8.
$$\begin{array}{r} 6\ 0 \\ +\ \ \ 8 \\ \hline 6\ 8 \end{array}$$

9.
$$\begin{array}{r} 5\ 0 \\ +\ \ \ 3 \\ \hline 5\ 3 \end{array}$$

10. 83   11. 58
12. $70+9=79$ 13. $90+5=95$
14. $60+3=63$ 15. $80+9=89$
16. $90+8=98$ 17. $70+5=75$

03 (몇)+(몇십)   34~35쪽

1.
$$\begin{array}{r} 7 \\ +\ 6\ 0 \\ \hline 6\ 7 \end{array}$$

2.
$$\begin{array}{r} 8 \\ +\ 5\ 0 \\ \hline 5\ 8 \end{array}$$

3.
$$\begin{array}{r} 6 \\ +\ 7\ 0 \\ \hline 7\ 6 \end{array}$$

4.
$$\begin{array}{r} 1 \\ +\ 6\ 0 \\ \hline 6\ 1 \end{array}$$

5.

```
      4
+   8 0
    8 4
```

6.

```
      6
+   9 0
    9 6
```

7.

```
      2
+   5 0
    5 2
```

8.

```
      8
+   8 0
    8 8
```

9.

```
      9
+   7 0
    7 9
```

10. 57

11. 89

12. 68

13. 72

14. 83

15. 59

16. 53

17. 85

18. 63

; 나

53	54	55	56	57	58
59	60	61	62	63	64
68	69	70	71	72	73
83	85	87	88	89	90
93	94	95	96	97	98

04 그림으로 알아보는 (몇십몇)+(몇) 36~37쪽

1. 5 3 + 5 = 5 8

2. 6 4 + 3 = 6 7

3. 6 2 + 7 = 6 9

4. 7 1 + 4 = 7 5

5. 7 5 + 2 = 7 7

6. 8 4 + 1 = 8 5

7. 55

8. 67

---

9. 71+3=74

10. 57+2=59

11. 82+5=87

12. 63+6=69

13. 54+1=55

14. 72+6=78

05 (몇십몇)+(몇) 38~39쪽

1.

```
    5 3
+     5
    5 8
```

2.

```
    7 4
+     5
    7 9
```

3.

```
    9 2
+     7
    9 9
```

4.

```
    6 3
+     4
    6 7
```

5.

```
    8 6
+     2
    8 8
```

6.

```
    7 2
+     6
    7 8
```

7.

```
    5 5
+     2
    5 7
```

8.

```
    9 1
+     5
    9 6
```

9.

```
    6 2
+     3
    6 5
```

10. 58

11. 68

12. 76+2=78

13. 91+4=95

14. 62+7=69

15. 56+3=59

16. 94+3=97

17. 81+6=87

06 (몇)+(몇십몇) 40~41쪽

1.

```
      1
+   5 4
    5 5
```

2.

```
      3
+   7 3
    7 6
```

3.
```
      4
  +  6 4
  ─────
    6 8
```

4.
```
      5
  +  8 4
  ─────
    8 9
```

5.
```
      3
  +  5 6
  ─────
    5 9
```

6.
```
      4
  +  9 3
  ─────
    9 7
```

7.
```
      6
  +  8 1
  ─────
    8 7
```

8.
```
      4
  +  6 2
  ─────
    6 6
```

9.
```
      4
  +  7 1
  ─────
    7 5
```

10. 78

11. 85

12. 74

13. 84

14. 88

15. 76

16. 87

17. 79

18. 89

연상퀴즈 대보름, 한가위, 추석, 떡 ;

떡국 　 송편 　 잡채

---

07 (몇십)+(몇)으로 나타내기 　 42~45쪽

1. 3, 2 　　　　**2.** 4, 6

3. 1, 6 　　　　**4.** 5, 8

5. 4, 7 　　　　**6.** 3, 8

7. 2, 5 　　　　**8.** 4, 6

9.

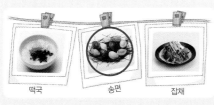

57=50+7
76=70+6 (×)
87=80+7 ( )
97=90+7 ( )

10.

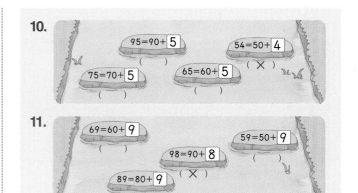

95=90+5 ( )
54=50+4 (×)
75=70+5 ( )
65=60+5 ( )

11.

69=60+9 ( )
59=50+9 ( )
98=90+8 (×)
89=80+9 ( )

08 □는 얼마인지 알아보기 　 44~45쪽

1. 3 　　　　**2.** 0

3. 4 　　　　**4.** 4

5. 8 　　　　**6.** 5

7. 4 　　　　**8.** 1

9. 2 　　　　**10.** 2

11. 5 　　　　**12.** 4

13. 6 　　　　**14.** 2

15. 4 　　　　**16.** 8

17. 4 　　　　**18.** 1

1. $\square$+3=6, 6-3=$\square$, $\square$=3

2. $\square$+7=7, 7-7=$\square$, $\square$=0

3. $\square$+5=9, 9-5=$\square$, $\square$=4

4. 2+$\square$=6, 6-2=$\square$, $\square$=4

5. 1+$\square$=9, 9-1=$\square$, $\square$=8

6. 0+$\square$=5, 5-0=$\square$, $\square$=5

7. $\square$+3=7, 7-3=$\square$, $\square$=4

8. $\square$+5=6, 6-5=$\square$, $\square$=1

9. $\square$+2=4, 4-2=$\square$, $\square$=2

10. $\square$+7=9, 9-7=$\square$, $\square$=2

11. $\square$+1=6, 6-1=$\square$, $\square$=5

12. $\square$+3=7, 7-3=$\square$, $\square$=4

13. $\boxed{}+2=8$, $8-2=\boxed{}$, $\boxed{}=6$

14. $3+\boxed{}=5$, $5-3=\boxed{}$, $\boxed{}=2$

15. $5+\boxed{}=9$, $9-5=\boxed{}$, $\boxed{}=4$

16. $1+\boxed{}=9$, $9-1=\boxed{}$, $\boxed{}=8$

17. $2+\boxed{}=6$, $6-2=\boxed{}$, $\boxed{}=4$

18. $3+\boxed{}=4$, $4-3=\boxed{}$, $\boxed{}=1$

09 집중 연산 ❶　46~47쪽

1.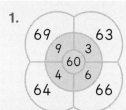
2.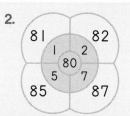
3.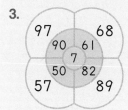
4.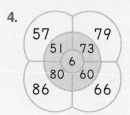
5.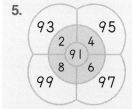
6.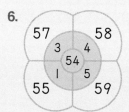
7.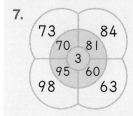
8.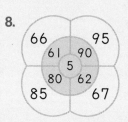
9.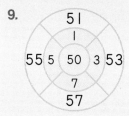
10.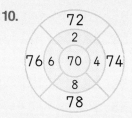

11.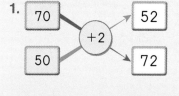
12.
13.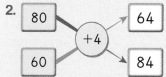
14.
15.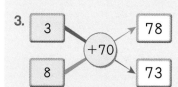
16.

10 집중 연산 ❷　48~49쪽

1.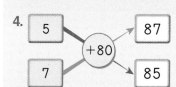
2.
3.
4.

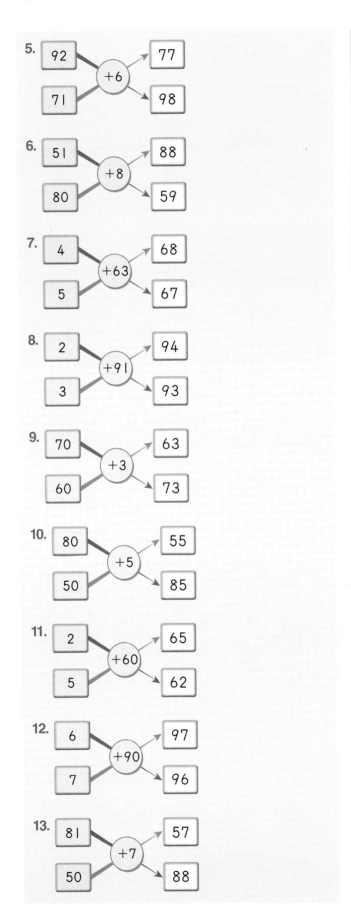

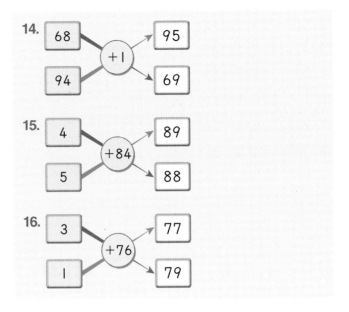

11 집중 연산 ❸   50~51쪽

1. 61	2. 88
3. 56	4. 74
5. 62	6. 99
7. 87	8. 69
9. 74	10. 58
11. 95	12. 79
13. 67	14. 79
15. 59	16. 85, 57
17. 63, 79	18. 94, 58
19. 68, 56	20. 72, 64
21. 85, 93	22. 92, 67
23. 58, 88	24. 68, 78
25. 69, 79	26. 96, 87
27. 55, 68	28. 65, 97
29. 58, 79	30. 89, 69

3 받아올림이 없는 100까지의 수의 덧셈 (2)

01 (몇십)+(몇십) ⑴ 54~55쪽

1.
```
  5 0
+ 4 0
  9 0
```

2.
```
  3 0
+ 6 0
  9 0
```

3.
```
  5 0
+ 2 0
  7 0
```

4.
```
  1 0
+ 3 0
  4 0
```

5.
```
  6 0
+ 2 0
  8 0
```

6.
```
  1 0
+ 7 0
  8 0
```

7.
```
  6 0
+ 1 0
  7 0
```

8.
```
  3 0
+ 4 0
  7 0
```

9.
```
  2 0
+ 2 0
  4 0
```

10.
```
  3 0
+ 1 0
  4 0
```

11.
```
  4 0
+ 5 0
  9 0
```

12.
```
  2 0
+ 6 0
  8 0
```

13.
```
  7 0
+ 1 0
  8 0
```

14.
```
  4 0
+ 1 0
  5 0
```

15.
```
  3 0
+ 5 0
  8 0
```

16.
```
  2 0
+ 7 0
  9 0
```

17.
```
  6 0
+ 3 0
  9 0
```

18.
```
  2 0
+ 4 0
  6 0
```

02 (몇십)+(몇십) ⑵ 56~57쪽

1. $10+10=20$
$10+40=50$

2. $20+40=60$
$20+70=90$

3. $30+30=60$
$30+50=80$

4. $40+20=60$
$40+40=80$

5. $80+10=90$
$50+20=70$

6. $60+10=70$
$70+20=90$

7. $10+70=80$
$50+30=80$

8. $20+50=70$
$30+40=70$

9. 70
10. 80
11. 30
12. 70
13. 90
14. 90
15. 80
16. 40
17. 90
18. 40
19. 60

5마리

03 합이 같아지는 덧셈 58~59쪽

1. 60
2. 20
3. 10
4. 30

5. 60	6. 10
7. 40	8. 30
9. 50	10. 10
11. 30	12. 60
13. 20	14. 80
15. 70	16. 40

연상퀴즈 유리구두, 호박마차 ; 신데렐라

3. $40+30=60+\square$, $70=60+\square$,
$\square=70-60=10$

4. $50+10=\square+30$, $60=\square+30$,
$\square=60-30=30$

5. $40+50=30+\square$, $90=30+\square$,
$\square=90-30=60$

6. $70+20=\square+80$, $90=\square+80$,
$\square=90-80=10$

7. $30+50=40+\square$, $80=40+\square$,
$\square=80-40=40$

8. $20+20=\square+10$, $40=\square+10$,
$\square=40-10=30$

9. $10+\square=40+20$, $10+\square=60$,
$\square=60-10=50$

10. $\square+40=20+30$, $\square+40=50$,
$\square=50-40=10$

11. $40+\square=20+50$, $40+\square=70$,
$\square=70-40=30$

12. $\square+20=40+40$, $\square+20=80$,
$\square=80-20=60$

13. $10+50=40+\square$, $60=40+\square$,
$\square=60-40=20$

14. $40+50=\square+10$, $90=\square+10$,
$\square=90-10=80$

15. $50+30=10+\square$, $80=10+\square$,
$\square=80-10=70$

16. $70+20=\square+50$, $90=\square+50$,
$\square=90-50=40$

04 (몇십몇)+(몇십몇) ⑴ 　60~61쪽

1.
$$\begin{array}{r} 1\ 6 \\ +\ 2\ 2 \\ \hline 3\ 8 \end{array}$$

2.
$$\begin{array}{r} 3\ 5 \\ +\ 1\ 1 \\ \hline 4\ 6 \end{array}$$

3.
$$\begin{array}{r} 2\ 4 \\ +\ 2\ 2 \\ \hline 4\ 6 \end{array}$$

4.
$$\begin{array}{r} 1\ 4 \\ +\ 3\ 1 \\ \hline 4\ 5 \end{array}$$

5.
$$\begin{array}{r} 2\ 3 \\ +\ 2\ 6 \\ \hline 4\ 9 \end{array}$$

6.
$$\begin{array}{r} 1\ 4 \\ +\ 2\ 5 \\ \hline 3\ 9 \end{array}$$

7.
$$\begin{array}{r} 1\ 2 \\ +\ 1\ 7 \\ \hline 2\ 9 \end{array}$$

8.
$$\begin{array}{r} 2\ 8 \\ +\ 1\ 1 \\ \hline 3\ 9 \end{array}$$

9.
$$\begin{array}{r} 3\ 1 \\ +\ 1\ 7 \\ \hline 4\ 8 \end{array}$$

10.
$$\begin{array}{r} 3\ 5 \\ +\ 1\ 3 \\ \hline 4\ 8 \end{array}$$

11.
$$\begin{array}{r} 1\ 6 \\ +\ 2\ 1 \\ \hline 3\ 7 \end{array}$$

12.
$$\begin{array}{r} 3\ 2 \\ +\ 1\ 6 \\ \hline 4\ 8 \end{array}$$

13.
$$\begin{array}{r} 2\ 3 \\ +\ 2\ 5 \\ \hline 4\ 8 \end{array}$$

14.
$$\begin{array}{r} 2\ 5 \\ +\ 2\ 1 \\ \hline 4\ 6 \end{array}$$

15.
$$\begin{array}{r} 1\ 6 \\ +\ 2\ 3 \\ \hline 3\ 9 \end{array}$$

16.
$$\begin{array}{r} 1\ 3 \\ +\ 3\ 2 \\ \hline 4\ 5 \end{array}$$

17.
$$\begin{array}{r} 2\ 1 \\ +\ 2\ 3 \\ \hline 4\ 4 \end{array}$$

18.
$$\begin{array}{r} 1\ 6 \\ +\ 1\ 3 \\ \hline 2\ 9 \end{array}$$

05 (몇십몇)+(몇십몇) (2) 62~63쪽

1. 2 3 + 1 2 = 3 5

2. 1 6 + 3 2 = 4 8

3. 1 5 + 1 3 = 2 8

4. 2 3 + 2 3 = 4 6

5. 2 4 + 1 5 = 3 9

6. 3 8 + 1 1 = 4 9

7. 1 6 + 3 1 = 4 7

8. 2 5 + 2 4 = 4 9

9. 2 2 + 1 3 = 3 5

10. 1 3 + 3 1 = 4 4

11.

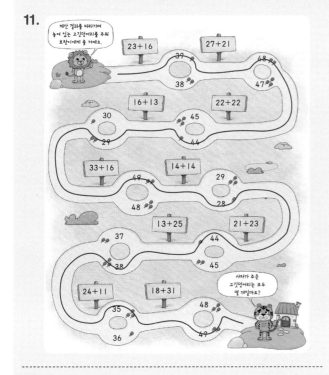

18개

06 (몇십몇)+(몇십몇) (3) 64~65쪽

1.
```
   6 1
+  2 3
-------
   8 4
```

2.
```
   4 7
+  1 1
-------
   5 8
```

3.
```
   3 2
+  4 6
-------
   7 8
```

4.
```
   2 8
+  3 1
-------
   5 9
```

5.
```
   4 3
+  3 4
-------
   7 7
```

6.
```
   5 2
+  1 5
-------
   6 7
```

7.
```
   6 6
+  1 3
-------
   7 9
```

8.
```
   2 4
+  3 4
-------
   5 8
```

9.
```
   3 3
+  5 4
-------
   8 7
```

10.
```
   6 3
+  1 3
-------
   7 6
```

11.
```
   5 1
+  3 4
-------
   8 5
```

12.
```
   7 2
+  2 1
-------
   9 3
```

13.
```
   4 3
+  2 5
-------
   6 8
```

14.
```
   1 3
+  7 2
-------
   8 5
```

15.
```
   3 4
+  2 5
-------
   5 9
```

16.
```
   6 3
+  2 1
-------
   8 4
```

17.
```
   5 1
+  4 3
-------
   9 4
```

07 (몇십몇)+(몇십몇) (4) — 66~67쪽

1. 5 7 + 2 2 = 7 9
2. 7 4 + 1 2 = 8 6
3. 1 3 + 8 5 = 9 8
4. 4 5 + 2 4 = 6 9
5. 6 1 + 3 7 = 9 8
6. 5 3 + 1 2 = 6 5
7. 4 2 + 4 5 = 8 7
8. 2 1 + 3 8 = 5 9
9. 6 6 + 2 2 = 8 8
10. 7 2 + 2 2 = 9 4

11. 97	12. 76
13. 89	14. 99
15. 95	16. 77
17. 96	18. 88
19. 78	20. 74

수수께끼 세상에서 제일 아름다운 개는? ; 무지개

08 □는 얼마인지 알아보기 — 68~69쪽

1. 4	2. 1
3. 6	4. 2
5. 3	6. 7
7. 3	8. 2
9. 3	10. 5
11. 4	12. 2
13. 2	14. 4
15. 4	16. 5
17. 8	18. 3

1. $\square$+1=5, 5−1=$\square$, $\square$=4
2. $\square$+3=4, 4−3=$\square$, $\square$=1
3. $\square$+2=8, 8−2=$\square$, $\square$=6
4. $\square$+3=5, 5−3=$\square$, $\square$=2
5. $\square$+6=9, 9−6=$\square$, $\square$=3
6. $\square$+1=8, 8−1=$\square$, $\square$=7
7. 2+$\square$=5, 5−2=$\square$, $\square$=3
8. 7+$\square$=9, 9−7=$\square$, $\square$=2
9. 1+$\square$=4, 4−1=$\square$, $\square$=3
10. $\square$+1=6, 6−1=$\square$, $\square$=5
11. 2+$\square$=6, 6−2=$\square$, $\square$=4
12. $\square$+1=3, 3−1=$\square$, $\square$=2
13. 6+$\square$=8, 8−6=$\square$, $\square$=2
14. $\square$+2=6, 6−2=$\square$, $\square$=4
15. 3+$\square$=7, 7−3=$\square$, $\square$=4
16. $\square$+4=9, 9−4=$\square$, $\square$=5
17. 1+$\square$=9, 9−1=$\square$, $\square$=8
18. 6+$\square$=9, 9−6=$\square$, $\square$=3

09 집중 연산 ❶ — 70~71쪽

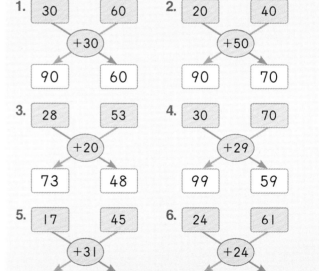

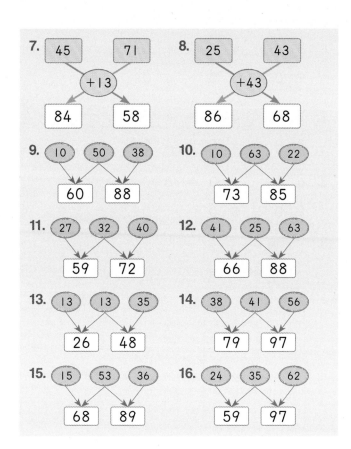

7.
45 71 → +13 → 84 58

8.
25 43 → +43 → 86 68

9.
10 50 38 → 60 88

10.
10 63 22 → 73 85

11.
27 32 40 → 59 72

12.
41 25 63 → 66 88

13.
13 13 35 → 26 48

14.
38 41 56 → 79 97

15.
15 53 36 → 68 89

16.
24 35 62 → 59 97

11 집중 연산 ❸ 74~75쪽

1. 80, 93	2. 89, 85
3. 80, 94	4. 49, 49
5. 49, 68	6. 77, 68
7. 48, 78	8. 79, 79
9. 67, 78	10. 69, 85
11. 76, 75	12. 59, 57
13. 95, 86	14. 77, 94
15. 97, 89	16. 70, 74
17. 69, 85	18. 60, 89
19. 48, 64	20. 49, 48
21. 64, 84	22. 38, 69
23. 84, 66	24. 83, 69
25. 75, 75	26. 76, 55
27. 77, 76	28. 89, 86
29. 57, 59	30. 93, 77

4 받아내림이 없는 100까지의 수의 뺄셈 (1)

10 집중 연산 ❷ 72~73쪽

1. 90	2. 56
3. 66	4. 58
5. 76	6. 39
7. 49	8. 67
9. 82	10. 78
11. 84	12. 89
13. 86	14. 96
15. 99	16. 70
17. 68	18. 77
19. 57	20. 78
21. 49	22. 53
23. 56	24. 83
25. 68	26. 72
27. 76	28. 65
29. 88	30. 78

01 (몇십)-(몇십) (1) 78~79쪽

1.
```
  4 0
- 1 0
  3 0
```

2.
```
  5 0
- 3 0
  2 0
```

3.
```
  7 0
- 2 0
  5 0
```

4.
```
  6 0
- 5 0
  1 0
```

5.
```
  3 0
- 2 0
  1 0
```

6.
```
  8 0
- 3 0
  5 0
```

7.
```
  7 0
- 1 0
  6 0
```

8.
```
  6 0
- 3 0
  3 0
```

9.

```
   9 0
-  6 0
   3 0
```

10.

쪽지 시험			이름	최 해 영
(몇십)−(몇십)				

(1)
```
  3 0
- 1 0
  2 0
```
(2)
```
  7 0
- 6 0
  1 0
```
(3)
```
  8 0
- 4 0
  3 0  40
```
(4)
```
  6 0
- 2 0
  5 0  40
```
(5)
```
  5 0
- 4 0
  1 0
```
(6)
```
  9 0
- 3 0
  7 0  60
```

11.

쪽지 시험			이름	오 정 은
(몇십)−(몇십)				

(1)
```
  4 0
- 2 0
  2 0
```
(2)
```
  6 0
- 4 0
  3 0  20
```
(3)
```
  8 0
- 5 0
  3 0
```
(4)
```
  5 0
- 1 0
  4 0
```
(5)
```
  8 0
- 2 0
  7 0  60
```
(6)
```
  9 0
- 7 0
  3 0  20
```

02 (몇십)−(몇십) (2)   80~81쪽

1. $5 0 - 1 0 = 4 0$

$6 0 - 3 0 = 3 0$

2. $4 0 - 2 0 = 2 0$

$8 0 - 6 0 = 2 0$

3. $7 0 - 4 0 = 3 0$

$6 0 - 4 0 = 2 0$

4. $9 0 - 4 0 = 5 0$

$4 0 - 3 0 = 1 0$

5. $7 0 - 1 0 = 6 0$

$8 0 - 5 0 = 3 0$

6. $5 0 - 4 0 = 1 0$

$9 0 - 5 0 = 4 0$

7. $7 0 - 3 0 = 4 0$

$8 0 - 4 0 = 4 0$

8. $6 0 - 1 0 = 5 0$

$9 0 - 8 0 = 1 0$

9.

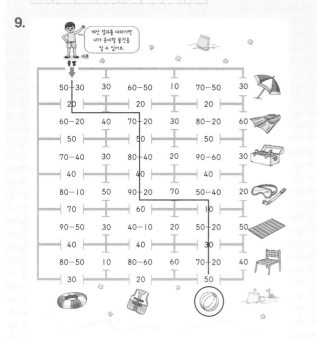

03 차가 같아지는 뺄셈   82~83쪽

1. 10, 10, 60	**2.** 30, 30, 30
3. 30	**4.** 60
5. 10	**6.** 40
7. 60	**8.** 70
9. 40	**10.** 10
11. 50	**12.** 70
13. 20	**14.** 60
15. 30	

연상퀴즈 주황색 채소, 토끼 ; 당근

9. $30-20=50-\boxed{}$, $10=50-\boxed{}$,
$\boxed{}=50-10=40$

10. $40-20=30-\boxed{}$, $20=30-\boxed{}$,
$\boxed{}=30-20=10$

11. $50-10=90-\boxed{}$, $40=90-\boxed{}$,
$\boxed{}=90-40=50$

12. $60-40=90-\boxed{}$, $20=90-\boxed{}$,
$\boxed{}=90-20=70$

13. $80-60=40-\boxed{}$, $20=40-\boxed{}$,
$\boxed{}=40-20=20$

14. $40-10=90-\boxed{}$, $30=90-\boxed{}$,
$\boxed{}=90-30=60$

15. $70-10=90-\boxed{}$, $60=90-\boxed{}$,
$\boxed{}=90-60=30$

04 (몇십몇) − (몇) ⑴ 84~85쪽

1.
```
   5 6
 −   4
   5 2
```
2.
```
   8 8
 −   5
   8 3
```
3.
```
   6 9
 −   3
   6 6
```
4.
```
   7 3
 −   1
   7 2
```
5.
```
   5 5
 −   4
   5 1
```
6.
```
   9 7
 −   3
   9 4
```
7.
```
   6 9
 −   8
   6 1
```
8.
```
   8 6
 −   3
   8 3
```
9.
```
   9 4
 −   2
   9 2
```
10.
```
   5 5
 −   3
   5 2
```

11.
```
   7 9
 −   6
   7 3
```
12.
```
   6 7
 −   5
   6 2
```
13.
```
   8 8
 −   3
   8 5
```
14.
```
   5 5
 −   5
   5 0
```
15.
```
   7 9
 −   3
   7 6
```
16.
```
   6 7
 −   6
   6 1
```
17.
```
   8 8
 −   5
   8 3
```
18.
```
   7 9
 −   5
   7 4
```

05 (몇십몇) − (몇) ⑵ 86~87쪽

1. $59-4=55$
$76-5=71$

2. $56-4=52$
$63-2=61$

3. $93-1=92$
$69-8=61$

4. $78-5=73$
$59-7=52$

5. $53-2=51$
$66-3=63$

6. $88-4=84$
$67-2=65$

7. $65-3=62$
$89-8=81$

8. 6 9 - 7 = 6 2

9 4 - 1 = 9 3

9. 5 8 - 4 = 5 4

10. 6 5 - 5 = 6 0

11. 8 9 - 6 = 8 3

12. 9 9 - 7 = 9 2

13. 7 7 - 3 = 7 4

14. 5 4 - 4 = 5 0

15. 6 8 - 7 = 6 1

16. 8 6 - 5 = 8 1

06 몇십을 (몇십몇)−(몇)으로 나타내기 88~89쪽

1. 1, 4
2. 3, 8
3. 7, 2
4. 6, 4
5. 6, 7
6. 8, 4
7. 7, 1
8. 5, 3

9. 50=53- 3
80=82- 2

10. 60=64- 4
90=95- 5

11. 70=75- 5
50=57- 7

12. 80=85- 5
60=69- 9

13. 90=94- 4
70=78- 8

14. 50=55- 5
80=88- 8

15. 60=62- 2
90=91- 1

16. 70=73- 3
50=59- 9

07 □가 얼마인지 알아보기 90~91쪽

1. 5
2. 7
3. 5
4. 4
5. 7
6. 1
7. 5
8. 6
9. 9

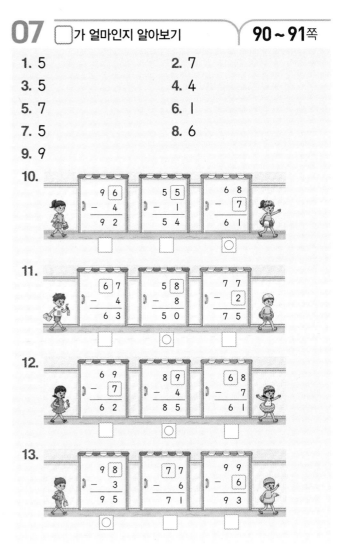

10. 9 6 − 4 = 9 2 | 5 5 − 1 = 5 4 | 6 8 − 7 = 6 1 ○

11. 6 7 − 4 = 6 3 | 5 8 − 8 = 5 0 ○ | 7 7 − 2 = 7 5

12. 6 9 − 7 = 6 2 | 8 9 − 4 = 8 5 ○ | 6 8 − 7 = 6 1

13. 9 8 − 3 = 9 5 ○ | 7 7 − 6 = 7 1 | 9 9 − 6 = 9 3

1. □-4=1, □=1+4=5
2. □-2=5, □=5+2=7
3. □-5=0, □=0+5=5
4. 6-□=2, □=6-2=4
5. 8-□=1, □=8-1=7
6. 6-□=5, □=6-5=1

08 집중 연산 ❶ 92~93쪽

1.
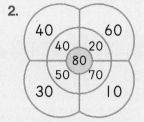
40 30
20 30
60
40 10
20 50

2.
40 60
40 20
80
50 70
30 10

3.
55 52
2 5
57
4 7
53 50

4.
72 73
3 2
75
1 5
74 70

5.
60 63
9 6
69
5 3
64 66

6.
92 94
4 2
96
6 1
90 95

7.
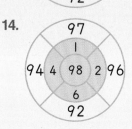
73 75
4 2
77
5 7
72 70

8.
84 86
5 3
89
6 8
83 81

9.
40
50
20 70 90 60 30
80
10

10.
57
1
55 3 58 2 56
4
54

11.
86
2
81 7 88 5 83
8
80

12.
77
1
74 4 78 3 75
6
72

13.
56
3
53 6 59 5 54
9
50

14.
97
1
94 4 98 2 96
6
92

15.
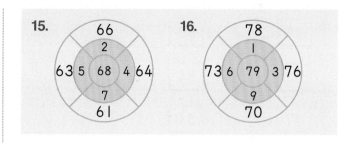
66
2
63 5 68 4 64
7
61

16.
78
1
73 6 79 3 76
9
70

09 집중 연산 ❷ 94~95쪽

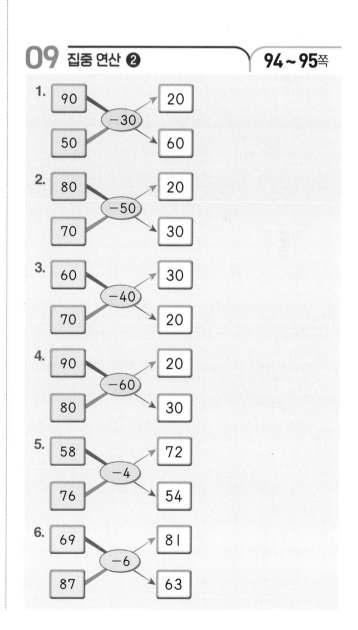

1.
90
50
−30
20
60

2.
80
70
−50
20
30

3.
60
70
−40
30
20

4.
90
80
−60
20
30

5.
58
76
−4
72
54

6.
69
87
−6
81
63

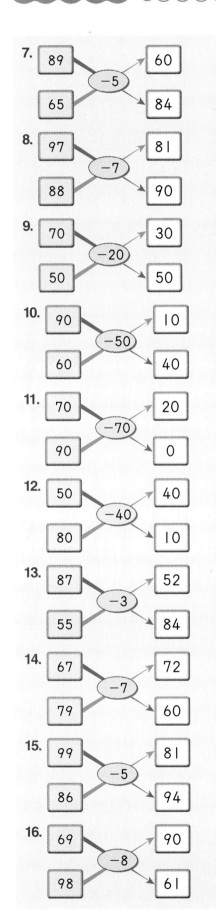

10 집중 연산 ❸ | 96~97쪽

1. 72	2. 51
3. 94	4. 61
5. 81	6. 72
7. 30	8. 51
9. 40	10. 66
11. 40	12. 72
13. 81	14. 20
15. 93	16. 60, 20
17. 40, 20	18. 20, 40
19. 60, 10	20. 40, 50
21. 50, 70	22. 80, 50
23. 54, 92	24. 71, 83
25. 62, 71	26. 90, 56
27. 54, 93	28. 62, 92
29. 50, 74	30. 81, 96

5 받아내림이 없는 100까지의 수의 뺄셈 (2)

01 (몇십몇) − (몇십) ⑴ | 100~101쪽

1.
$$\begin{array}{r} 2\ 4 \\ -\ 1\ 0 \\ \hline 1\ 4 \end{array}$$

2.
$$\begin{array}{r} 5\ 2 \\ -\ 2\ 0 \\ \hline 3\ 2 \end{array}$$

3.
$$\begin{array}{r} 4\ 7 \\ -\ 3\ 0 \\ \hline 1\ 7 \end{array}$$

4.
$$\begin{array}{r} 3\ 9 \\ -\ 2\ 0 \\ \hline 1\ 9 \end{array}$$

5.
$$\begin{array}{r} 4\ 5 \\ -\ 2\ 0 \\ \hline 2\ 5 \end{array}$$

6.
$$\begin{array}{r} 6\ 4 \\ -\ 5\ 0 \\ \hline 1\ 4 \end{array}$$

7.
$$\begin{array}{r} 8\ 6 \\ -\ 6\ 0 \\ \hline 2\ 6 \end{array}$$

8.
$$\begin{array}{r} 7\ 1 \\ -\ 4\ 0 \\ \hline 3\ 1 \end{array}$$

9.

$$\begin{array}{r} 9\ 3 \\ -\ 5\ 0 \\ \hline 4\ 3 \end{array}$$

10.

$$\begin{array}{r} 3\ 6 \\ -\ 1\ 0 \\ \hline 2\ 6 \end{array}$$

11.

$$\begin{array}{r} 2\ 4 \\ -\ 2\ 0 \\ \hline 4 \end{array}$$

12.

$$\begin{array}{r} 4\ 8 \\ -\ 1\ 0 \\ \hline 3\ 8 \end{array}$$

13.

$$\begin{array}{r} 6\ 4 \\ -\ 2\ 0 \\ \hline 4\ 4 \end{array}$$

14.

$$\begin{array}{r} 2\ 4 \\ -\ 1\ 0 \\ \hline 1\ 4 \end{array}$$

15.

$$\begin{array}{r} 4\ 8 \\ -\ 3\ 0 \\ \hline 1\ 8 \end{array}$$

16.

$$\begin{array}{r} 6\ 4 \\ -\ 3\ 0 \\ \hline 3\ 4 \end{array}$$

17.

$$\begin{array}{r} 3\ 6 \\ -\ 2\ 0 \\ \hline 1\ 6 \end{array}$$

02 (몇십몇) − (몇십) ⑵　102~103쪽

1. 12, 41
2. 15, 27
3. 66, 28
4. 44, 19
5. 41, 64
6. 23, 48
7. 12, 27
8. 15, 21
9. 16
10. 19
11. 27
12. 23
13. 38
14. 66
15. 34
16. 68
17. 17
18. 54
19. 52

; 김

16	17	18	19
21	23	25	27
32	34	36	38
40	42	44	46
48	50	52	54
62	64	66	68

03 (몇십몇) − (몇십몇) ⑴　104~105쪽

1.

$$\begin{array}{r} 2\ 8 \\ -\ 1\ 6 \\ \hline 1\ 2 \end{array}$$

2.

$$\begin{array}{r} 2\ 3 \\ -\ 1\ 1 \\ \hline 1\ 2 \end{array}$$

3.

$$\begin{array}{r} 2\ 5 \\ -\ 1\ 5 \\ \hline 1\ 0 \end{array}$$

4.

$$\begin{array}{r} 3\ 9 \\ -\ 1\ 7 \\ \hline 2\ 2 \end{array}$$

5.

$$\begin{array}{r} 3\ 5 \\ -\ 2\ 4 \\ \hline 1\ 1 \end{array}$$

6.

$$\begin{array}{r} 3\ 4 \\ -\ 1\ 4 \\ \hline 2\ 0 \end{array}$$

7.

$$\begin{array}{r} 4\ 7 \\ -\ 3\ 6 \\ \hline 1\ 1 \end{array}$$

8.

$$\begin{array}{r} 4\ 8 \\ -\ 1\ 1 \\ \hline 3\ 7 \end{array}$$

9.

$$\begin{array}{r} 4\ 9 \\ -\ 2\ 5 \\ \hline 2\ 4 \end{array}$$

10.

$$\begin{array}{r} 2\ 4 \\ -\ 1\ 3 \\ \hline 1\ 1 \end{array}$$

11.

$$\begin{array}{r} 3\ 8 \\ -\ 1\ 6 \\ \hline 2\ 2 \end{array}$$

12.

$$\begin{array}{r} 4\ 8 \\ -\ 2\ 2 \\ \hline 2\ 6 \end{array}$$

13.

$$\begin{array}{r} 3\ 1 \\ -\ 1\ 1 \\ \hline 2\ 0 \end{array}$$

14.

$$\begin{array}{r} 2\ 9 \\ -\ 2\ 3 \\ \hline 6 \end{array}$$

15.

$$\begin{array}{r} 4\ 3 \\ -\ 1\ 2 \\ \hline 3\ 1 \end{array}$$

16.

$$\begin{array}{r} 4\ 9 \\ -\ 3\ 7 \\ \hline 1\ 2 \end{array}$$

17.

$$\begin{array}{r} 3\ 5 \\ -\ 2\ 1 \\ \hline 1\ 4 \end{array}$$

04 (몇십몇) − (몇십몇) ⑵　106~107쪽

1. 22, 31
2. 17, 21
3. 13, 17
4. 5, 1

5. 10, 3
7. 7, 10
9. 17
11. 20, 15
13. 49, 28
15. 48, 12

6. 22, 10
8. 25, 10
10. 13
12. 16, 10
14. 38, 21
16. 15, 14

05 (몇십몇) − (몇십몇) (3) 108~109쪽

1.
```
  5 7
− 2 2
  3 5
```
2.
```
  6 2
− 5 1
  1 1
```
3.
```
  7 6
− 4 3
  3 3
```
4.
```
  6 4
− 2 4
  4 0
```
5.
```
  8 9
− 7 5
  1 4
```
6.
```
  5 8
− 3 6
  2 2
```
7.
```
  7 9
− 5 6
  2 3
```
8.
```
  7 5
− 1 3
  6 2
```
9.
```
  8 7
− 6 3
  2 4
```
10.
```
  7 3
− 6 2
  1 1
```
11.
```
  6 7
− 2 3
  4 4
```
12.
```
  4 6
− 3 1
  1 5
```
13.
```
  8 8
− 5 6
  3 2
```
14.
```
  9 8
− 4 1
  5 7
```
15.
```
  5 9
− 4 1
  1 8
```
16.
```
  7 4
− 1 3
  6 1
```
17.
```
  4 9
− 2 5
  2 4
```
18.
```
  8 7
− 2 2
  6 5
```
19.
```
  9 7
− 7 1
  2 6
```
20.
```
  5 9
− 2 2
  3 7
```
21.
```
  8 9
− 6 1
  2 8
```

8개

06 (몇십몇) − (몇십몇) (4) 110~111쪽

1. 44, 42
3. 41, 30
5. 27, 33
7. 62, 51
9. 57
11. 61
13. 35
15. 41

2. 61, 35
4. 21, 61
6. 25, 11
8. 42, 55
10. 28
12. 42
14. 54
16. 30

수수께끼 오이의 나이는 몇 살?; 52살

07 □는 얼마인지 알아보기 112~113쪽

1. 5
3. 6
5. 6
7. 2
9. 4

2. 5
4. 4
6. 4
8. 3

10.

21개

1. $\square$$-2=3$, $3+2=\square$, $\square=5$
2. $\square$$-4=1$, $1+4=\square$, $\square=5$
3. $\square$$-6=0$, $0+6=\square$, $\square=6$
4. $\square$$-2=2$, $2+2=\square$, $\square=4$
5. $\square$$-3=3$, $3+3=\square$, $\square=6$
6. $\square$$-1=3$, $3+1=\square$, $\square=4$
7. $3-\square=1$, $3-1=\square$, $\square=2$
8. $7-\square=4$, $7-4=\square$, $\square=3$
9. $8-\square=4$, $8-4=\square$, $\square=4$

08 집중 연산 ❶   114~115쪽

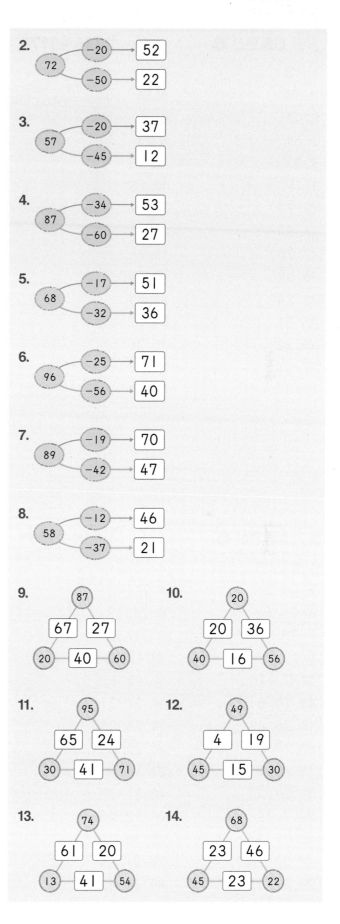

09 집중 연산 ❷
116~117쪽

1. 13	2. 17
3. 13	4. 34
5. 41	6. 22
7. 51	8. 21
9. 21	10. 45
11. 40	12. 23
13. 22	14. 51
15. 83	16. 15
17. 26	18. 25
19. 29	20. 33
21. 24	22. 57
23. 31	24. 33
25. 22	26. 30
27. 41	28. 48
29. 37	30. 75

빅터 연산

플러스 알파
120쪽

1.
$$\begin{array}{r} 6\,0 \\ +\ 2\,0 \\ \hline 8\,0 \end{array}$$

10 집중 연산 ❸
118~119쪽

1. 31, 23	2. 22, 21
3. 43, 28	4. 7, 14
5. 41, 52	6. 16, 19
7. 32, 12	8. 31, 12
9. 21, 35	10. 42, 21
11. 5, 11	12. 22, 65
13. 20, 61	14. 21, 21
15. 36, 41	16. 25, 25
17. 27, 58	18. 28, 33
19. 15, 35	20. 14, 35
21. 29, 22	22. 31, 35
23. 7, 10	24. 12, 23
25. 77, 76	26. 35, 14
27. 22, 24	28. 31, 24
29. 42, 22	30. 30, 42

똑똑한 하루 시/리/즈

배우는 즐거움! 쌓이는 기초 실력!

공부 습관을 만들자!
하루 1□분!

과목	교재 구성	과목	교재 구성
하루 독해	예비초~6학년 각 A·B (14권)	하루 VOCA	3~6학년 각 A·B (8권)
하루 어휘	예비초~6학년 각 A·B (14권)	하루 Grammar	3~6학년 각 A·B (8권)
하루 글쓰기	예비초~6학년 각 A·B (14권)	하루 Reading	3~6학년 각 A·B (8권)
하루 한자	예비초: 예비초 A·B (2권) 1~6학년: 1A~4C (12권)	하루 Phonics	Starter A·B / 1A~3B (8권)
하루 수학	1~6학년 1·2학기 (12권)	하루 봄·여름·가을·겨울	1~2학년 각 2권 (8권)
하루 계산	예비초~6학년 각 A·B (14권)	하루 사회	3~6학년 1·2학기 (8권)
하루 도형	예비초 A·B, 1~6학년 6단계 (8권)	하루 과학	3~6학년 1·2학기 (8권)
하루 사고력	1~6학년 각 A·B (12권)	하루 안전	1~2학년 (2권)

정답은
이안에
있어!